U0052223

針對初學者徹底詳盡解說！

絕對簡單の
UV膠飾品
100選

キムラプレミアム　木村純子

前言

直到現在，我仍記得第一次和UV膠相遇，

並實際試作時的那種小小感動。

明明數分鐘之前還是液體的東西，

轉眼就變身成了閃耀著光芒的飾品。

即使我現在已經製作過數不清的飾品，

那種在製作途中興奮期待的心情＆完成作品時的開心感，

至今依然不曾改變。

為了讓本書成為初次挑戰UV膠的新手們能夠倚賴的指導書，

我特地連細部作法也進行了詳細解說。

雖然大多都是能夠簡單地完成製作的技巧，

但所有作品都是精心設計，讓有經驗的UV膠玩家也能夠滿足的內容喔！

如果能讓你在閱讀本書時，感受到興奮＆期待，

對我來說真是再高興不過的事了！

キムラプレミアム　木村純子

contents

UV膠手作の基礎知識

閃爍著光芒，以閃閃發亮的模樣讓人深深迷戀，這就是UV膠手作的世界。

為了讓你充分享受製作UV膠飾品的樂趣，在此將先針對製作須知、材料、工具進行詳細介紹。

※商品名稱後方〔 〕裡的是販售廠商，主要廠商的網站資訊參見P.64。

UV膠是什麼？

膠即為樹脂（resin）。「UV膠」是指會對UV（紫外線）產生硬化（凝固）反應的透明樹脂。

雖然這種樹脂在陽光下也會硬化，

但使用UV燈（參見下圖）除了能控制硬化時間之外，更能輕鬆地在短時間內製作出飾品。

UV膠の特性

硬化前的UV膠，看起來就像是透明且具有濃稠黏性的液體。

即使填入底座（p.10）中或塗在貼紙表面，也不會輕易流動，使用相當方便。

但UV膠一旦硬化之後，就無法再恢復原樣，因此製作時一定要仔細操作。

本書使用的UV膠

UV膠（硬式）

硬化之後，能讓作品變得加倍堅硬的UV膠類型。因為透明度很高，魅力在於能清楚地看到密封於膠中的素材。此外，因為表面張力很強，只要塗膠時稍微突出於表面，就能作出圓弧狀的突出效果。

太陽的溶劑（太陽の雫）
硬式UV〔PADICO〕

使用UV膠的注意事項

●UV膠一旦照到陽光就會開始硬化，因此請在不會照到陽光的室內進行製作。
●由於UV膠是化學製品，請注意不要讓皮膚直接碰觸膠水。
●製作時請注意讓空氣流通。
●請勿在靠近火源的場所進行製作。
●保存時請放置於0至25℃的陰涼處，並擺在兒童＆寵物碰不到的位置。
●手沾到膠水時，請立即以無水酒精等溶劑拭淨膠水。
●UV膠硬化時會產生高溫，請注意不要被燙傷。

照射紫外線的方法

UV燈（紫外線照射燈）

推薦使用有四根燈管，強度為36W的機型。5mm厚的透明UV膠的硬化時間約2分鐘左右（實際硬化時間會隨著UV膠＆UV燈種類有所差異）。

UV燈36W〔PADICO〕
此機型設有定時兩分鐘的按鈕，使用起來非常方便。
市售價格約日幣幾千元左右。

使用UV燈的注意事項

●使用時請勿直視光線，尤其是有小孩的家庭更要注意。若想避免光線外露，請依圖示作法，以鋁箔紙或紙膠帶將開口蓋住即可。
●由於UV膠在硬化時會產生高溫，為了避免直接碰到皮膚，請以紙膠帶底墊（p.10）等工具來拿取。
●請在兒童及寵物無法接觸到的地方使用機器。
●長時間使用之後，燈光的波長會減弱，變得比較難硬化。因此，若發生UV膠無法在指定時間內硬化的情況，請延長照射時間或更換新燈管。

> column
> ### 可以利用陽光來硬化嗎？
> 雖然UV膠在陽光照射下也會硬化，但因為要花很多時間，在等待硬化時，可能會發生密封素材滑動、沾黏灰塵等不利狀況。此外，硬化時間也會隨著環境而有所不同，因此還是建議使用UV燈來製作。

三大基本技巧

本書的所有飾品都是利用「使用底座」、「塗刷膠層」、「灌模塑型」這三種技巧來製作的，
這三種作法也可說是製作UV膠飾品的基本技巧。在此將介紹各技巧的特色＆製作時的注意重點。

使用底座／p.11～

底座
＋
貼紙

無底邊框

底座
＋
布

將UV膠均勻灌注在有底有邊的「底座」配件中，這也是UV膠手作的代表性技巧。將底座貼上布或貼紙＆放上各式各樣的裝飾物，再填入UV膠完整封存。此外也有以無底邊框（p.17），以及水鑽或9針（p.21、p.23）來製作的作法。

塗刷膠層／p.24～

貼紙

熱縮片
＋
印章

黏土
＋
印章

這是一種以UV膠覆蓋各種素材的表面來製作飾品的技巧。由於不使用底座及邊框，最大的魅力就是能夠作成自己喜歡的形狀＆尺寸。塗上UV膠之後，也能夠加強素材的硬度＆光澤。

適用塗刷膠層技巧的素材

在熱縮片或黏土上塗刷UV膠之後，就能作出與在底座＆邊框中灌膠時完全不同風格的作品，享受另一種樂趣。也由於是從原型開始製作，因此更能作出充滿原創風味的作品。

石粉黏土

質地細緻、延展性高的石粉製黏土。由於沒有味道，乾燥後既輕且堅硬，因此很適合用來製作飾品。造型後需要三天的時間靜置乾燥。

La Doll Premix
〔PADICO〕

熱縮片

泛指外表透明或白色的塑膠板。請購買以小烤箱加熱後，體積會縮小一半以上＆具有厚度的熱縮片款式。處理方式請參照外包裝上的說明。

透明或白色的
熱縮片〔Tamiya〕

灌模塑型／p.34～

亮片粉
＋
吊飾

花
＋
美甲彩珠、串珠……

紙膠帶

將UV膠灌進稱為模具的模型中，讓膠水凝固定型的一種技巧，藉此可將各式各樣的素材密封UV膠中。請選用UV膠專用的模具來製作。若使用比較厚的模具，或膠水顏色比較深的時候，請分次添加UV膠＆逐次照UV燈，重複進行這種作法直至膠水硬化。

各種密封素材

製作UV膠作品的樂趣之一，就是能將各式各樣的素材封存在UV膠裡。
由於UV膠是透明的，因此可以清楚看到素材的形狀。你也試著以各種素材進行搭配組合，作出充滿原創風味的飾品吧！

轉印貼紙

一般及美甲專用轉印貼紙的周圍皆是透明的，因此可以直接裁剪下來密封UV膠中。

紙膠帶

可貼在底座平面上作為襯底，也可以貼在熱縮片上直接塗刷UV膠。最方便的是不用塗上防水保護劑（p.7）就能直接使用。

貼紙

市售的貼紙。若貼紙圖案旁有白邊，請先將白邊剪除再使用。而為了防止UV膠滲進貼紙，請務必先塗上防水保護劑。

布

建議使用比較薄，織得比較細密的薄棉布等布料。而為了防止UV膠滲進布料，請務必先塗上防水保護劑。

串珠・珍珠

小圓珠、管珠、珍珠……有多種樣式可供選擇。串珠封入UV膠之後，會顯得更加閃亮。推薦使用金色或銀色的串珠。

乾燥花

想營造自然風情時，不可欠缺的道具就是乾燥花。密封前先將乾燥花塗上UV膠，密封時就不容易產生氣泡。

鑽片／黏貼專用玻璃珠

指甲彩繪或裝飾物品專用的水鑽。背面呈錐形的玻璃珠請以封入UV膠的方式來使用，背面平坦的類型則可貼在表面。

玻璃珠

用於製作仿真甜點或實景模型等物品。使用時並不是密封於UV膠中，而是黏在UV膠表面，作出宛如灑上砂糖般的效果。

彩色箔／雷射全像箔

指甲彩繪專用的雷射金箔。只要是又輕又薄，沒有厚度的類型，都可以密封在UV膠中。

鉚釘

指甲彩繪專用的金屬飾品，可讓作品表面呈現出宛如釘上金屬釘的感覺。

鏤空飾片

飾品專用配件。請和珍珠等素材一起組合成立體的花形之後，再封入UV膠。

美甲彩珠

指甲彩繪專用的小顆粒串珠。散布點綴於作品中能增添華麗的氛圍。

書籤

金屬製書籤。可以利用鏤空的透視感進行作品設計。

吊飾

中小型的飾品配件裝飾物。不僅可以密封在UV膠中，還可以直接貼在UV膠作品表面。

水鑽（爪台鍊型）

附有爪台的水鑽。可以圍成底座狀，灌入UV膠；也可以切成單顆水鑽來使用。

亮片帶

以細線連結起來的繩狀亮片，可裁切成喜歡的長度來使用。

---

column
哪些材料不適合密封UV膠？

如果把背面平坦的黏貼專用玻璃珠密封UV膠中，背面會變得相當突兀，因此還是建議使用背面呈錐形（尖底）的款式。

至於食品類，尤其是零食，將油分或水分多的物品密封UV膠時，容易因為硬化產生的熱度而變質或發霉，甚至可能因硬度不夠而破裂，因此不建議使用。

尖底款　　　　平底款

UV膠手作の常用工具＆素材

為了讓大家能輕鬆享受UV膠創作的樂趣，以下將介紹一些便利的製作工具。其中大部分都是常見的日常用品，有些工具則可能比較陌生；不過如果想繼續挑戰UV膠創作，這些都是相當方便好用的工具，請試著用用看喔！

基本工具

尼龍畫筆
用於塗刷UV膠，推薦使用比較不會掉毛的尼龍製畫筆。

調色棒〔Tamiya〕
用於混合UV膠＆染色顏料，或把UV膠灌進模具時使用的工具。

牙籤
用於將UV膠均勻散布在底座＆移動膠中的物件，或刺破氣泡時使用。

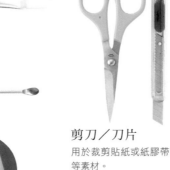

剪刀／刀片
用於裁剪貼紙或紙膠帶等素材。

紙膠帶＋透明資料夾
製作「紙膠帶底墊」時使用的工具（p.10）

鑷子
用於取放想密封於UV膠中的素材，或刺破UV膠產生的氣泡時使用。

消毒用酒精・無水酒精
擦拭沾黏於桌子或手上的UV膠，以及清潔筆刷等工具時使用。

方便作業的工具

銼刀／指甲銼刀
用於磨除溢出的硬化毛邊，或以砂紙來磨除也OK。

棉花棒
以棉花棒沾取少量的無水酒精，即可擦除溢出的UV膠。

熱風槍〔KODOMO NO KAO〕
手工藝專用熱風槍。可將UV膠裡的氣泡加熱去除，非常方便。與一般吹風機相比，風力比較弱，溫度也比較高（若直接使用吹風機，可能會發生UV膠飛散的情況，請特別注意）。

使用不同素材時所需要的工具

染色劑

具有透明感的溶劑式畫材，共有26種顏色。
Vitrail〔Pébéo〕

紫外線穿透性佳的粉末狀顏料，共有24種顏色。
Pika Ace
透明顏料〔KURACHI〕

亮片粉

細小粉末狀的亮片。請以手指輕敲亮片粉瓶底的方式，直接灑在UV膠上。
星之碎片（星の欠片）
〔PADICO〕

防水保護劑

防止UV膠滲入紙張或布料中的保護劑。以附在蓋子上的刷子塗上保護劑之後，再以自然風乾的方式風乾60分鐘左右。
Decollage Coat〔PADICO〕

以保護劑保持顏色的豔麗

將UV膠直接塗在紙張或布料上時，因為膠水滲透的影響，紙張或布料的顏色會變暗或透出背面的花色。為了防止這種情況發生，塗膠之前先刷上防水保護劑吧！刷上一層保護劑之後，以吹風機吹乾即可。若想採用自然風乾的方式，則必須靜置晾乾60分鐘。多一道手續雖然有點麻煩，卻能讓作品更美麗喔！

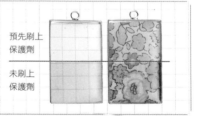
預先刷上保護劑

未刷上保護劑

各種飾品五金

在此將介紹一些能把作品變成實用飾品的五金配件。
從直接黏貼的簡單配件，到必須以鑽孔器鑽洞才能使用的配件，種類相當豐富。一起來享受把UV膠作品變成飾品的樂趣吧！

單圈・裝飾單圈

用於串接組件，需以兩把鉗子來輔助開合。本書所使用的中型單圈為5mm，小型為4mm。

耳環五金

外型分成耳針式＆耳勾式，此外也有各式各樣的顏色＆材質可供選擇。

大別針（附圈環）

上面附有圈環，可以吊掛裝飾配件的別針。

9針・T針

可穿入串珠作成配件。

可掛式手機防塵塞

可利用單圈掛上作好的飾品配件，再塞入智慧型手機或行動裝置的耳機孔。

胸針五金

與飾品配件背面貼合即完成，以接著劑或UV膠來黏貼皆可。

五金接頭

有龍蝦釦、勾釦等種類。可方便地繫上或卸下飾品的五金配件。

單腳鈕釦

可與飾品配件背面貼合的帶環鈕釦。只要以繫繩或彈力繩穿過底下的環，就可以作成飾品了！

髮夾五金

以接著劑或UV膠貼上飾品配件，髮夾就完成了！

T字扣
圓扣頭・延長鏈

項鍊或手鍊專用的開合接頭。

羊眼

可插入硬化的UV膠飾品配件中，以便與其他五金配件連接。

戒指五金

圖示為附有花形戒托的戒指五金，可與半球形模具一起搭配使用。

（左起）包鍊・項鍊・手鍊

鍊條套件

附接頭的配件組，附有龍蝦釦或延長鏈等配件。

鍊條

（上）尼龍製的輕型鍊條。
（下）細鍊。也可密封UV膠內使用。

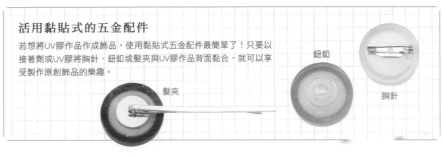

活用黏貼式的五金配件

若想將UV膠作品作成飾品，使用黏貼式五金配件最簡單了！只要以接著劑或UV膠將胸針、鈕釦或髮夾與UV膠作品背面黏合，就可以享受製作原創飾品的樂趣。

髮夾

鈕釦

胸針

製作飾品の工具

將UV膠件品加工成飾品時使用的工具。有用來去除溢出的多餘UV膠的工具，
也有用來夾取塗上UV膠的物件＆放進UV燈中的工具。

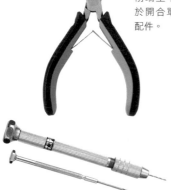

平口鉗
前端呈平面狀，用
於開合單圈＆夾取
配件。

斜口鉗
用於剪斷針具五金
或鍊條。UV膠硬化
後，想切掉溢出的
毛邊時也很方便。

圓嘴鉗
用於彎圓針具五金。

鑽孔器
預定將羊眼或單圈接在已經
硬化的UV膠上時，用來鑽
孔的工具。

接著劑
適用於UV燈難以照到＆無
法以UV膠黏接的部位的黏
貼工具。

飾品の加工技巧

單圈、針具、羊眼的操作方式＆鑽孔器的使用方法，請參考以下的解說。

單圈的開合

以兩把鉗子夾住單圈來開合。

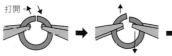

打開。
前後拉開。
→
將配件穿進拉開
的縫隙。
→
閉合。
前後拉回原來的
模樣。

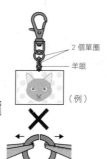
2 個單圈
羊眼
（例）

✕
不要左右拉開！

鑽孔器的使用方法

在硬化的UV膠作品上鑽洞。

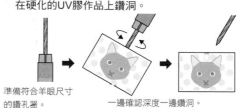

準備符合羊眼尺寸
的鑽孔器。
→
一邊確認深度一邊鑽洞。

針具配件的作法

以T針或9針穿過串珠之後，以圓嘴鉗將針扭成圓形。

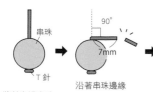
串珠
T針
將針穿過串珠。
→
90°
7mm
沿著串珠邊緣
將針彎摺＆剪斷。

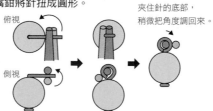
俯視
側視
以圓嘴鉗夾住針的末端，
將針沿著圓嘴鉗的形狀扭成圓形。
夾住針的底部，
稍微把角度調回來。

羊眼的接法

安裝在UV膠作品上，連接其他的金屬配件。

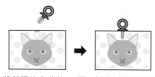

將羊眼沾上些許UV膠，插進以鑽孔器鑽
好的洞中，再以照UV燈的方式來黏合。

---

column
享受原創的樂趣

除了市售的貼紙或膠帶之外，還可以享受把獨一無
二的東西密封進UV膠中的樂趣，這就是UV膠手作
的魅力。試著將自己拍攝的寵物、小孩、交通工

具、風景等相片作成飾品吧！只要配合想製作的道具
尺寸，利用家中的印表機把相片印在相片貼紙上再剪
下來就OK了！作法與使用市售貼紙進行製作時相同。

相片貼紙
印好的相片貼紙
＆以相片作成的吊飾

開始製作之前

在此將針對UV膠手作中不可欠缺的「紙膠帶底墊」&「染色」的作法，
以及UV膠相關用語、本書的寫作規則等進行詳細說明。

基本技巧

製作紙膠帶底墊

遇到難以以手按壓的情況時，可用來輔助固定零件。也可以應用於自製邊框的作品，作為代替邊框的底面。

【材料】
粗版（約3cm）&細版（約1cm）的紙膠帶，從透明資料夾剪下的透明墊板

1 將粗版紙膠帶黏貼面朝上，擺放在透明墊板上，以細版紙膠帶黏貼固定其中一端。

2 拉住粗版紙膠帶另一端&沿著透明墊板平鋪拉直，再以細版紙膠帶黏貼固定。

事前準備工作

例如：事先塗膠、等待乾燥、加以固定……比較花時間的部分，在書中會以準備的記號來標示。請事先作好準備工作，再進行正式的製作吧！

灌入UV膠

灌入淺層時
如圖所示，以牙籤尾端為準，注入深度約1mm的UV膠。

灌至邊緣高度時
小心翼翼地注入UV膠，注意不要讓膠水突出邊緣。

灌至表面突起時
利用表面張力的原理來注入UV膠，直到膠水表面突出邊緣為止。

去除氣泡

以牙籤等工具刺破氣泡，或將氣泡挑起。

以熱風槍（p.7）加熱，使氣泡浮起並消散。

照UV燈

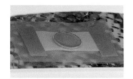

照UV燈30秒
用於稍微硬化UV膠，或暫時固定膠水裡的物品，讓它不再移動。由於這時膠水還沒有完全硬化，請不要觸摸UV膠表面。

照UV燈2分鐘
2分鐘的時間足以讓厚度在2mm以內的UV膠完全硬化。由於硬化過程的溫度很高，取出UV膠時務必要特別小心。

手持照UV燈30秒放下照UV燈1分半鐘
以UV膠進行黏合時，一開始先以手壓合&照UV燈30秒暫時固定，再放進機器裡照UV燈至完全硬化為止。

UV膠用語

密封　將素材密封於UV膠中。
照UV燈　使UV膠照射燈光。照UV燈時間以30秒、2分鐘為單位起跳。
硬化　代表UV膠凝固變硬。
底座　灌入UV膠的內嵌飾品材料。
氣泡　UV膠裡的空氣所產生的泡泡。為了作出漂亮的作品，必須去除氣泡。

製作染色UV膠

分量請參考各作法頁圖示，色彩則參考各飾品的完成圖。

使用粉末染色劑（Pika Ace p.7）

1 在紙杯中放入少量未染色的UV膠&粉末染色劑後，充分攪拌。

2 待粉末拌勻顯色後，一點一點地加入透明UV膠慢慢攪拌。

使用液體染色劑（Vitrail p.7）

1 在紙杯中放入未染色的UV膠&液體染色劑。

2 充分地進行攪拌。由於很容易產生氣泡，請以熱風槍將氣泡去除。

section 1
使用底座

對於第一次製作UV膠飾品的新手來說，剛開始比較推薦從「使用底座」這個技巧著手。

只要把UV膠灌進稱為「底座」的邊框配件中，再進行硬化就OK了！

除了可以密封各式各樣的素材，

UV膠的用量很小＆需要照光的次數也少，可快速完成。

1
動物項鍊

以貼紙＆紙膠帶製作而成的簡單項鍊。

若想作出漂亮的作品，重點在於鋪在底層的紙膠帶必須剪得剛剛好＆事先將貼紙塗上防水保護劑。

若故意讓貼紙超出底座或將表面點綴上裝飾，會變得更有立體感喔！

How to make p.12

動物項鍊 p.11

【材料】 •&•參見p.64，除了特別指定之外，皆各1個。

UV膠
　共通 太陽的溶劑・硬式UV膠•

底座
　A 基本款圓形（404161）•
　B 基本款水滴形（404164）•
　C 基本款菱形（404162）•
　D 基本款長方形（404163）•

密封・鑲嵌素材
　A 紙膠帶、貼紙（鸚鵡）
　B 紙膠帶、貼紙（獅子）、美甲鉚釘（星星）適量
　C 紙膠帶、貼紙（貴賓犬）
　　鍊條（NH-99030-G）•適量
　D 紙膠帶、貼紙（黑貓）
　　黏貼專用玻璃珠（HB-1006-13）•適量

吊飾
　A C 蝴蝶結（EU-00416-G）•
　D 皇冠（PT-302588-G）•

串珠
　B 8mm火磨珠（FP08023-0）•、T針

飾品五金
　共通 項鍊（NH-40058-G）•、ABC 小單圈2個 D 小單圈

　其他 共通 Decollage Coat•

項鍊

蝴蝶結吊飾

單圈
（▶p.9）

紙膠帶

貼紙

底座

A

【用具】
　共通 基本工具（p.7）、平口鉗、圓嘴鉗、吹風機

【作法】 A至D共通。以下為A的圖解步驟。

1 將防水保護劑塗在貼紙上，以吹風機吹乾（約10分鐘）。
　Point 若貼紙圖案旁有白邊，請先將白邊剪除再使用。

注意不要讓空氣跑進去！

2 將紙膠帶貼在底座內側。若無法貼滿，可拼接兩段紙膠帶。貼好後沿著底座內側邊緣以指甲壓出痕跡。

3 沿著步驟2中壓出的內側邊緣痕跡，以刀片切除多餘的紙膠帶。

4 將步驟3的底座貼在紙膠帶底墊（p.10）上，再將底座灌入一層淺淺的UV膠。

5 以牙籤引導，讓膠水均勻分布在底座上。產生氣泡時，則以牙籤刺破。

第**1**次

6 將底座連同紙膠帶底墊放入UV燈中照UV燈30秒。此時膠水尚未完全硬化，請勿觸摸UV膠表面。

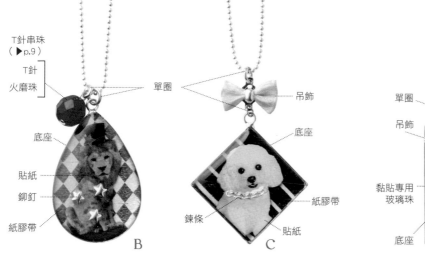

※A為120%放大圖，
BCD為原寸大。

T針串珠
（▶p.9）

T針
火磨珠

單圈 — 吊飾

底座

貼紙

鉚釘

紙膠帶

B

單圈

吊飾

底座

紙膠帶

鍊條

貼紙

C

單圈

吊飾

黏貼專用
玻璃珠

底座

紙膠帶

貼紙

D

7 將貼紙從離型紙上撕下來，貼在底座上。製作A時，使貼紙下端稍微超出底座邊緣。

8 灌入UV膠，直到膠水表面突出邊緣。不要一次加到滿，請一邊觀察情況一邊添加膠水。

一定要仔細！

9 灌膠過程中，建議以牙籤來輔助細部灌膠。
作品A中超出邊框的貼紙部分，也以牙籤塗上UV膠。

第2次

10 照UV燈2分鐘。

11 只有A需要把底座從紙膠帶底墊上拆下來＆翻至背面，將超出底座的貼紙背面塗上UV膠。

第3次

12 底座背面朝上，照UV燈2分鐘。

製作BCD時

製作BCD時，整體先以筆刷上一層薄薄的UV膠，接著擺放上裝飾用的配件＆以牙籤調整位置，再照UV燈2分鐘。

13 最後以單圈連接項鍊、吊飾以及其他配件，飾品完成！

$\frac{2}{2}$

LIBERTY印花胸針&項鍊

只要在布料上均勻注入UV膠，就可以完成的超簡單飾品。
請選擇花樣大小適合底座、容易裁剪、織目細密且邊緣不易綻線的布料來製作。
LIBERTY印花布不僅色彩豔麗，作成飾品之後也很吸睛，因此推薦使用此款布料。

【材料】 •&•參見p.64，除了特別指定之外，皆各1個。 　　　　　　　　　　　　　※作品圖皆為原寸大。

UV膠
　共通 太陽的溶劑・硬式UV膠•

底座
　A 寶石浮雕框（PT-300822-SN）•
　B 基本款長方形（404163）•
　C 基本款圓形（404161）•

密封・鑲嵌素材
　共通 LIBERTY印花布

吊飾
　A 燕子（404155 黃銅配件〈秘密〉）•
　B 葉子（PC-300169-G）•
　C 蝴蝶結（PT-301083-PK）•

飾品五金
　A 項鍊（NH-40058-SN）•
　　中單圈
　B 胸針 金色 15mm（404128）•
　　小單圈2個
　C 胸針 金色 20mm（404129）•
　　小單圈2個

其他
　共通 紙、Decollage Coat•

【用具】
　共通 基本工具（p.7）、平口鉗、圓嘴鉗、接著劑、吹風機

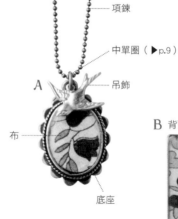

項鍊

中單圈（▶p.9）

吊飾

A

布

底座

B 背面加上胸針五金。

布

底座

小單圈

吊飾

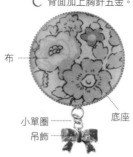

C 背面加上胸針五金。

布

小單圈

底座

吊飾

【作法】 A至C共通。以下為A的圖解步驟。

先放到底座上確認！

1 紙型用紙片平鋪於底座內側，沿著底座內側邊緣以指甲或尺在紙上壓出痕跡。

2 以剪刀沿著壓出的內側邊緣痕跡剪開。在剪布之前，先將剪下的紙型放在底台上確認尺寸是否正確。

3 依步驟2中的紙型，以剪刀裁剪布料。

4 將步驟3的布片背面塗上防水保護劑，以吹風機吹乾（約10分鐘）。此步驟請重複兩次。

5 乾掉的防水保護劑如果有溢出的部分，請剪掉。

第1次

6 將底座貼在紙膠帶底墊（p.10）上，在底座中灌入一層淺淺的UV膠。將步驟5的布片放入底座＆浸入UV膠中，再照UV燈30秒暫時固定。

第2次

7 灌入UV膠，直到膠水表面突出底座邊緣後，照UV燈2分鐘。

8 A以單圈連接項鍊鍊條＆吊飾。BC則以單圈連接吊飾，再以接著劑在背面黏接胸針五金。

3 文字訊息手環&耳環

充分活用UV膠的透明感，創作出輕爽明快的飾品。

以無底邊框來製作，再挑選文字設計的轉印貼紙或紙膠帶，將喜歡的文字密封在UV膠中吧！

為了作出漂亮的作品，請仔細地去除膠水裡的氣泡。

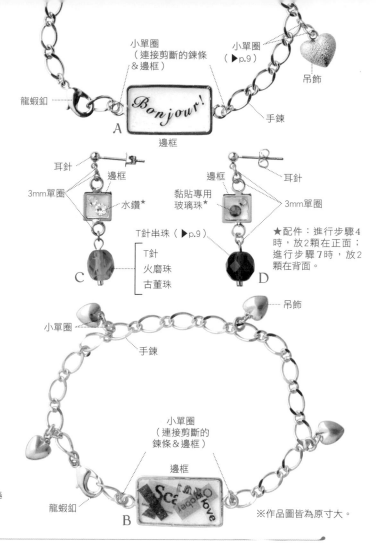

【材料】 •&•參見p.64，除了特別指定之外，皆各1個。

UV膠 共通 太陽的溶劑・硬式UV膠•

底座
A 銀色（PT-302503-R）•
B 金色（PT-302503-G）•
C 銀色（PT-302505-R）•
D 金色（PT-302505-G）•

密封・鑲嵌素材
A 轉印貼紙 草寫體英文字母（404142）•
B 紙膠帶
C 水鑽SS9（404089）•、SS12（404090）•各4顆
D 黏貼專用玻璃珠（HB-1012-10・HB-1006-04）•各4顆

吊飾
A 愛心（EU-00495-R）•
B 愛心（EU-00082-G）•4個

串珠 各2個
C 火磨珠（FP08025-0）•
　古董珠（DB35）•、T針
D 火磨珠（FP08026-0）•
　古董珠（DB34）•、T針

飾品五金
A 手鍊 銀色（PC-301058-R）•小單圈4個
B 手鍊 金色（PC-301058-G）•、小單圈10個
C 耳針 銀色（PT-301372-R）•、3mm單圈6個
D 耳針 金色（PT-301372-G）•、3mm單圈6個

【用具】
共通 基本工具（p.7）、平口鉗、圓嘴鉗、斜口鉗，棉花棒

※作品圖皆為原寸大。

【作法】A至D共通。以下為A的圖解步驟。

1 以剪刀將轉印貼紙上想使用的部分剪下來。

2 將邊框放在紙膠帶底墊（p.10）上&用力貼緊，再往中間灌入一層淺淺的UV膠。

3 以牙籤引導，讓膠水均勻分布在底座上。照UV燈30秒。

4 再次注入一層薄薄的UV膠，以鑷子夾取轉印貼紙（B使用紙膠帶、CD使用2顆黏貼專用玻璃珠）放在膠水上，照UV燈30秒暫時固定。

5 灌入UV膠，直到膠水表面稍微突出邊框。

6 若UV膠溢出邊框，請以棉花棒沾取無水酒精拭除膠水。再次照UV燈2分鐘。

7 將邊框從紙膠帶底墊拆下來，翻至背面以筆刷上一層UV膠，照UV燈2分鐘。製作CD時，請在照燈之前先在背面放置2顆黏貼專用玻璃珠。

8 製作AB時，先以斜口鉗剪斷鍊條，再以單圈將鍊條兩端&邊框連接起來。CD則以單圈來連接耳針&配件。

17

指甲油填色項鍊

在底座的底面上以指甲油來添加色彩吧！

指甲油除了顏色眾多之外，還有霧面、亮面、含亮片、珠光等豐富多樣的色調可供選擇，

是一種非常適合用來製作飾品的素材。

即使沾到其他地方，或不小心溢出來，以去光水即可輕鬆擦除。使用起來很方便，相當推薦喔！

〔材料〕 ●&♦參見p.64，除了特別指定之外，皆各1個。
UV膠 共通 太陽的溶劑・硬式UV膠♦

染色劑 共通 指甲油（含亮片）
　　A 粉紅色 B 綠色 C 紫色、藍色

底座 共通 寶石浮雕框
　　A 金色（PT-300822-G）♦
　　B 銀色（PT-300822-R）♦
　　C 古金色（PT-300822-SN）♦

密封・鑲嵌素材
　　A 玫瑰（04152 黃銅配件〈美貌〉）♦
　　　水晶（PT-300406-000-G）♦
　　B 轉印貼紙（404143蕾絲）♦、美甲鉚釘（星星）
　　C 轉印貼紙（404144 7個願望）♦
　　　黏貼專用玻璃珠（HB-1012-10、HB-1006-04
　　　HB-1006-07、HB-1006-15）♦

吊飾
　　A 蝴蝶結（EU-01072-G）♦

串珠
　　A 珍珠（FE-00102-02）♦、9針
　　B 棉珍珠（JP-00041-WH）♦、珍珠（FE-00161-01）♦、T針

飾品五金
　　A 項鍊（NH-40058-G）♦、中單圈2個、小單圈
　　B 項鍊（NH-40058-R）♦、中單圈、小單圈
　　C 項鍊（NH-40058-SN）♦、中單圈

〔用具〕
　　共通 基本工具（p.7）、圓嘴鉗、平口鉗、斜口鉗

項鍊　中單圈（▶p.9）

吊飾　小單圈

9針串珠（▶p.9）

項鍊

9針
珍珠

T針串珠（▶p.9）

T針
棉珍珠
珍珠

玫瑰配件

小單圈
中單圈

水晶

底座

轉印貼紙

鉚釘

底座

中單圈

轉印貼紙

黏貼專用玻璃珠

※作品圖皆為原寸大。

〔作法〕 A至C共通。以下為A的圖解步驟。

重複塗色以免不均勻。

準備

將底座黏貼在紙膠帶底墊（p.10）上&在底面塗滿指甲油後，靜置一天等待乾燥。

1 以斜口鉗剪掉密封物的吊飾環。

第1次

2 朝底座灌入一層淺淺的UV膠，將飾物（BC為轉印貼紙）放入底座，再照UV燈30秒暫時固定。

第2次

3 灌入UV膠，直到膠水表面稍微突出邊緣後，照UV燈2分鐘。

第3次

4 以筆刷在表面塗上一層薄薄的UV膠，放上水晶&以牙籤調整位置，再照UV燈2分鐘。

5 製作9針串珠，並以單圈連接項鍊&吊飾，飾品完成！

指甲油的應用技巧

指甲油可直接塗在底座上來使用。選用便宜指甲油即可。若將底座塗上含亮片指甲油，灌入UV膠之後就會大幅提昇作品的閃亮感。使用指甲油時請重複塗刷，直到顏色分布均勻為止。

5

自製邊框の
胸針＆項鍊

A

B

C

以串珠＆寶石沿著貼紙或鏤空書籤周邊圍繞，就可以代替市售底座。
在紙膠帶底墊上，以串珠圍出想要的形狀＆灌入UV膠，再盡快以UV燈加以硬化。
只要使用這種方法，就算手邊沒有底座，也能作出理想中的形狀＆大小。

〔材料〕 •&•參見p.64，除了特別指定之外，皆各1個。

UV膠 共通 太陽的溶劑・硬式UV膠 •

邊框
A 爪台水鑽鍊 水晶款（PC-300406-000-G）•
B 珍珠（FE-00101-02）•、金屬串珠線20cm
C 爪台水鑽鍊 水晶款（PC-300406-000-G）•

密封・鑲嵌素材
A Petit Clip鏤空書籤（PC045）〔東洋精密工業〕
　星星（PC-300178-G）•黏貼於作品背面用
B Petit Clip鏤空書籤（PC045）•
C 時鐘（J-35）〔內藤商事〕
　星星（PC-300178-G）•黏貼於作品背面用

吊飾
A 蝴蝶結（EU-01645-G）•
C 蝴蝶結（EU-00416-SN）•
　香水瓶（J-64）〔內藤商事〕

串珠 C 棉珍珠（JP-00041-SP）•、T針

飾品五金
A 項鍊（NH-50119-G）•、小單圈2個
B 胸針 金色 15mm（404128）•
C 大別針（PT-300199-SN）•
　裝飾單圈（PC-300613-SN）•、小單圈5個、T針

其他
B 水性彩繪筆（黑色）

〔用具〕
共通 基本工具（p.7）、平口鉗、圓嘴鉗、斜口鉗

項鍊
背面加上胸針五金。
A
B
吊飾
單圈（▶p.9）
水鑽
鏤空書籤
鏤空書籤
珍珠
以金屬線串起珍珠圍繞一圈。
在背面貼上星星配件。

大別針
單圈
C
吊飾
裝飾單圈
單圈
T針串珠（▶p.9）
時鐘配件
在背面貼上星星配件。
T針
棉珍珠

※作品圖皆為原寸大。

〔作法〕 A至C共通。以下為A的圖解步驟。

水鑽鍊要圍得非常緊密！

此時動作要快 第1次

第2次

1 將鏤空書籤（C為時鐘配件）貼在紙膠帶底墊（p.10）上，以水鑽鍊沿著鏤空書籤邊緣緊密地圍一圈，再以斜口鉗剪去多餘的水鑽。製作B時，改以金屬線串起珍珠的方式圍一圈。

2 調整水鑽鍊的間距，讓每顆水鑽之間沒有任何空隙。

3 灌入一層淺淺的UV膠，以牙籤引導膠水均勻分布，再照UV燈30秒。

4 注入UV膠至水鑽邊緣為止，照UV燈2分鐘。

第3次

製作B時 第4次

5 將自製邊框從紙膠帶底墊拆下來，若有UV膠溢出邊框，則以斜口鉗剪除。

6 製作AC時，另需翻至背面以筆刷塗上一層UV膠＆放上星星配件。塗膠時請連同水鑽鍊的背面一起塗滿，再背面朝上照UV燈2分鐘。

7 製作AC時，最後以單圈連接鍊條＆UV膠作品，飾品完成！

製作B時，在步驟5完成後，以彩繪筆將背面塗黑，再塗上一層UV膠＆照UV燈2分鐘。最後以UV膠貼上胸針五金，飾品完成！

21

6

9針變身造型底座！

只要以鉗子扭轉9針，就可以作出底座。

在此將介紹作法比較簡單的蘋果＆草莓。

如果針身翹起來或接合處有空隙，UV膠就會流出來；

所以在製作時，一定要注意將針身壓平，

使針身平貼在紙膠帶底墊上就不會產生空隙了！

【材料】 ●&●參見p.64，除了特別指定之外，皆各1個。
UV膠 共通 太陽的溶劑・硬式UV膠 ●
染色劑
　A Pika Ace（中國紅、檸檬黃、森林綠）
　BC Pika Ace（中國紅）
邊框
　A 9針 0.6 × 30 mm（PC-30043-PGB）●3根
　B 9針 0.6 × 30 mm（PC-30043-PGB）●1根
　C 9針 0.6 × 30 mm（PC-30043-G）●2根
密封・鑲嵌素材
　A 珍珠（OL-00217-1）●、美甲鉚釘（葉子）各3個
　B 珍珠（OL-00217-1）●、美甲鉚釘（葉子）
　C 美甲彩珠（EU-01143-G）●適量、美甲鉚釘（葉子）6個
吊飾
　A 雛菊（J-61）〔內藤商事〕●
　C 蝴蝶結（PT-301083-WH）●2個
串珠…各2個
　B 8mm火磨珠 白色（FP08096-0）●、9針
飾品五金
　A 項鍊（NH-40037-PGB）●
　B 耳鉤（PC-300091-PGB）●、小單圈
　C 耳鉤（PC-300091-G）●、小單圈2個
其他 共通 水性彩繪筆（綠色）

【用具】
共通 基本工具（p.7）、平口鉗、圓嘴鉗、斜口鉗、紙杯

※作品圖皆為原寸大。

B

耳鉤

9針串珠（▶p.9）
9針
火磨珠

單圈（▶p.9）
鉚釘
珍珠

吊飾

9針

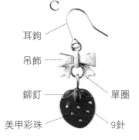

C

耳鉤

吊飾

鉚釘

美甲彩珠

單圈

9針

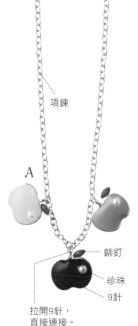

項鍊

A

鉚釘
珍珠
9針

拉開9針，
直接連接。

【作法】 A至C共通。以下為A的圖解步驟。

1 將鉚釘貼在紙膠帶底墊（p.10）上，以綠色彩繪筆上色。顏料乾掉後，以牙籤塗上一層UV膠，再照UV燈2分鐘。

第1次

2 製作A時，先調好三種顏色的UV膠。製作BC時，先調好兩種顏色的UV膠（p.10）。

3 先將9針的頭折成直角，並靠在圓柱狀的鉛筆上，如圖所示以手固定。

慢慢&仔細地進行

4 將針身沿著鉛筆的曲線捲一圈，變成一個圓，再以斜口鉗剪去多餘的針身。

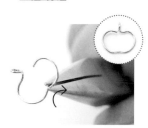

5 以平口鉗夾住圖示的部分，像是要將圓打開來一般地往外拉，再拉回原處，調整成蘋果的形狀，並盡量保持平整不要產生空隙。

第2次

6 將步驟5貼在紙膠帶底墊邊緣處，灌入一層淺淺的透明UV膠，以牙籤引導膠水均勻分布，再照UV燈2分鐘。

第2·3次

7 灌入染色UV膠，直到膠水表面突出邊緣後，照UV燈2分鐘。將蘋果撕下來重新貼在紙膠帶底墊中間，刷上一層透明UV膠＆擺放上裝飾配件，再照UV燈2分鐘。

第5次

8 翻至背面，以筆刷塗上一層透明UV膠（鉚釘也要），照UV燈2分鐘。最後接連項鍊或其他配件，飾品完成！

23

塗刷膠層

本單元要介紹的是將UV膠塗在素材表面的塗刷膠層技巧。

使UV膠覆蓋於物品表面,不僅能加強硬度,還能讓創造出更加閃亮的光澤感。

貼紙、紙膠帶、熱縮片、黏土等生活周遭隨處可見的素材,

只要以UV膠加以塗刷,就能輕鬆地變成飾品喔!

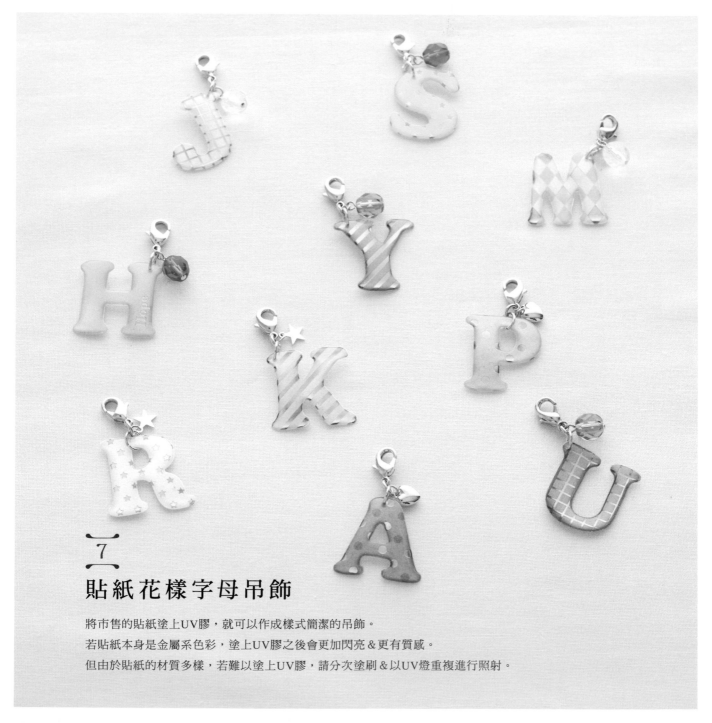

7

貼紙花樣字母吊飾

將市售的貼紙塗上UV膠,就可以作成樣式簡潔的吊飾。

若貼紙本身是金屬系色彩,塗上UV膠之後會更加閃亮&更有質感。

但由於貼紙的材質多樣,若難以塗上UV膠,請分次塗刷&以UV燈重複進行照射。

【材料】 •&•參見p.64，除了特別指定之外，皆各1個。　　　　　　　　　　　　　※作品圖皆為原寸大。

UV膠
　共通 太陽的溶劑・硬式UV膠 •

底座
　共通 貼紙（英文字母）

吊飾
　吊飾類型 金色
　　K・R星星（PC-300178-G）•
　　A・P愛心（EU-00082-G）•

串珠
　串珠類型 8mm火磨珠
　　H・S風信子藍（FP-08025-0）•、T針
　　J・M水仙黃（FP-08004-0）•、T針
　　U・Y亮桃粉（FP-08019-0）•、T針

飾品配件
　共通 龍蝦釦、6mm單圈、小單圈2個

【用具】
　共通 基本工具（p.7）、平口鉗、圓嘴鉗、鑽孔器

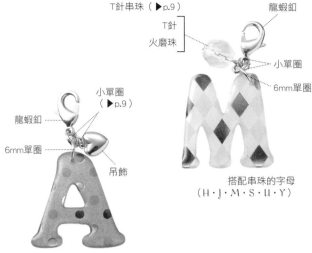

T針串珠（▶p.9）
T針
火磨珠
龍蝦釦
小單圈
6mm單圈
搭配串珠的字母
（H・J・M・S・U・Y）

小單圈（▶p.9）
龍蝦釦
6mm單圈
吊飾
搭配吊飾的字母（A・K・P・R）

【作法】 共通。以下為「U」的圖解步驟。

第1次

第2次

第3次

1 貼紙背面朝上，貼在紙膠帶底墊（p.10）上&撕下離型紙後，塗上一層淺淺的UV膠。以牙籤引導，使膠水均勻分布在貼紙上，再照UV燈30秒。

2 再次塗上UV膠，以同樣手法讓膠水均勻分布。重複此作法直到表面呈飽滿突出狀為止，再照UV燈2分鐘。

3 撕下貼紙翻至正面，貼在紙膠帶底墊上。塗上一層淺淺的UV膠&以牙籤引導膠水均勻分布，再照UV燈30秒。

第4次

4 同步驟2作法，塗上UV膠直到表面呈飽滿突出狀為止，再照UV燈2分鐘。

5 以鑽孔器在上方鑽洞（p.9）後穿入單圈。P・R兩字不鑽洞也OK。

6 以單圈連接龍蝦釦&其他配件，吊飾完成！

---

column
活用便利的熱縮片！

熱縮片是一種和UV膠相容性很好的素材。即使在表面塗上UV膠並加以硬化，也不會脫膠。將熱縮片放在揉皺的錫箔紙上，送進小烤箱加熱；烤箱溫度一旦超過

130℃，熱縮片就會開始捲曲&縮小。建議以600W烘烤80秒左右，熱縮片尺寸縮到一半以下就會停止縮小，此時就可以從烤箱中取出，以砧板或瓶罐等具有耐熱性的物體壓平。若想在熱縮片上繪圖或著色，則建議以水性顏料筆或油性筆來繪製。

紙膠帶蝴蝶結飾品

目前最熱門的紙膠帶也可以化身為飾品喔！

只要準備20cm長的紙膠帶，就可以作成一個蝴蝶結緞帶。

將紙膠帶作成蝴蝶結造型後，一邊調整形狀，一邊分次塗上UV膠吧！

因為重量很輕，相當適合用來作成髮飾或耳環。

也可以貼在記事本或手機殼上，變成可愛的裝飾。

【材料】 ●&●參見p.64，除了特別指定之外，皆各1個。 　　　　　　　　　　　※作品圖皆為原寸大。

UV膠
　共通 太陽的溶劑·硬式UV膠●

紙膠帶
　A 花朵圖案
　B 花朵、點點圖案
　C 粉紅花朵圖案
　D 粉紅花朵圖案

飾品配件
　A 羊眼（PC-301089-G）●
　　鍊條（NH-50371-G）●
　　中單圈、小單圈
　B 智慧型手機殼 透明※
　C 智慧型手機殼 白色※
　D 手機防塵塞（PC-301304-CRG）●
　　鍊條（NH-50371-G）●

【用具】
　共通 基本工具（p.7）、平口鉗
　A 圓嘴鉗、斜口鉗、鑽孔器
　D 圓嘴鉗、斜口鉗
　BC 接著劑

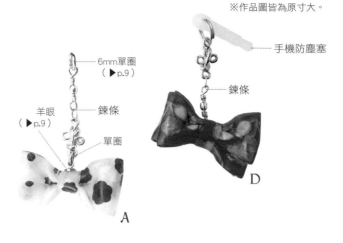

6mm單圈（▶p.9）
羊眼（▶p.9）
鍊條
單圈
手機防塵塞
鍊條
A
D

※由於聚乙烯（PE）&聚丙烯（PP）物質無法與UV膠黏合，
　因此請以接著劑來進行黏貼。

【作法】 A至D共通。以下為A的圖解步驟。

1 剪下兩段長度各為7cm的紙膠帶，並將兩段紙膠帶黏在一起。

2 將紙膠帶捲成直徑3cm左右的圓圈，兩端相疊處則作為蝴蝶結中央。

3 以手指將中央部分往內壓，作出褶子，並以此面作為正面。

第1次

4 以裁至5mm寬的紙膠帶沿著蝴蝶結中央捲起來&在背面接合，再以筆刷任膠帶的接合端塗上UV膠，照UV燈30秒。

分次逐片處理

5 以牙籤穿進半邊蝴蝶結的洞中，把洞撐得更圓，再以筆在內外側塗刷UV膠。

第2·3次

6 以平口鉗夾住另一半未塗膠的蝴蝶結，以拿著的方式照UV燈2分鐘。然後再塗一層UV膠、再照UV燈2分鐘。尚未塗膠的另一半也依步驟5·6的方式進行處理。

第4次

7 製作A時，以鑽孔器在蝴蝶結中央鑽洞，然後把羊眼沾UV膠插入洞裡，照UV燈2分鐘。最後再以單圈連接鍊條。製作BC時，則以接著劑將作品黏在手機殼上。

製作D時

製作D時，將鍊條夾在兩個蝴蝶結中間&注入UV膠後，以照UV燈2分鐘的方式來黏合，最後再連接鍊條&手機防塵塞。

27

9

熱縮片＋印章の
耳環＆胸針

A

B

C

D

E

加入熱門的飾品材料——熱縮片（p.5），配合UV膠一起製作飾品吧！
只要使用印章，就能輕鬆地作出許多相同圖案的配件，
即使是初次嘗試熱縮片的新手也很適合製作。
由於熱縮片經過加熱後就會縮小至原尺寸一半，
因此原本以印章蓋印的顏色會加深，圖案也會變得更細密。

〔 材料 〕 •&•&〔KODOMO NO KAO〕參見p.64，除了特別指定之外，皆各1個。

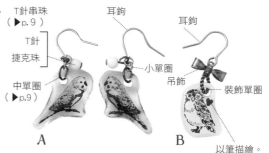

UV膠　共通 太陽的溶劑・硬式UV膠•

印章　除了愛心之外，皆出自〔KODOMO NO KAO〕。
　A 虎皮鸚鵡（1945-003）　B 貓頭鷹（0941-009）
　C 花（0998-001）　D 愛心
　E 鳥（0994-001）、愛心

印台〔KODOMO NO KAO〕
　A StazOn／Timber Brown（SZ-41）、Cactus Green（SZM-52）
　B StazOn／Timber Brown（SZ-41）、VersaMark／Autumn Leaf（VKS-153）
　C StazOn／Cherry Pink（SZM-81）、Cactus Green（SZM-52）
　D StazOn／Cherry Pink（SZM-81）
　E VersaMark／Sky Mist（VKS-158）、Poppy Red（VKS-114）

吊飾…各2個
　B 小蝴蝶結（EU-00647-SN）•　D 大蝴蝶結（EU-01072-R）•

串珠…各2個
　A 捷克珠（FE-0003096）•、T針
　C 捷克珠（FE-0006023）•、9針

飾品配件
　A 耳鉤（PC-300091-SN）•、中單圈2個、小單圈2個
　B 耳鉤（PC-300091-SN）•、裝飾單圈（PC-300613-SN）•各2個
　C 耳針（PT-301444-G）•、小單圈2個、3mm單圈2個
　D 耳鉤（PC-300091-R）•、中單圈4個、小單圈2個
　E 胸針 金色20mm（404129）•

其他
　ACD 透明熱縮片（70214）〔Tamiya〕
　BE 白色熱縮片（70215）〔Tamiya〕
　B 水性彩繪筆（紅色）

〔 用具 〕
　共通 基本工具（p.7）　ABCD 平口鉗、圓嘴鉗、打洞機
　ABE 棉花棒　DE 紙張

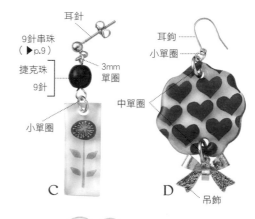

※作品圖皆為原寸大。

〔 作法 〕　A至E共通。以下為A的圖解步驟。

1 以印章在熱縮片上蓋印圖案，靜置待乾。

2 以棉花棒沾附印台墨水來上色。

3 以打洞器在上方打洞，再以剪刀沿著圖案周圍剪下。

4 放進小烤箱中加熱收縮（參見p.25解說）。

不要堵住洞口！

第1・2次

5 將熱縮片貼在紙膠帶底墊（p.10）上，塗上一層淺淺的UV膠，照UV燈30秒。然後再次塗上UV膠，直到表面呈飽滿突出狀為止，照UV燈2分鐘。A至D的背面也以相同作法處理。

6 將所有配件連接起來，飾品完成！製作E時，需以UV膠將胸針五金黏在作品背面。

〔 紙型 〕
請先將紙型影印放大200%再使用。

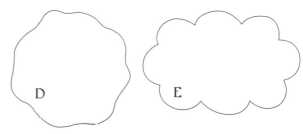

D　E

A

10

熱縮片＋
布料の胸針

B

F

E

D

C

熱縮片＆布料是相容性很高的組合。
由於布料會增加厚度，因此更容易加工處理。
以UV膠提升光澤感之後，就能作出高質感的飾品。
最後再纏上繡線，洋溢著溫暖手感的胸針就完成了！

【材料】 ●&●參見p.64，除了特別指定之外，皆各1個。
UV膠
　　共通 太陽的溶劑‧硬式UV膠 ●
密封‧鑲嵌素材
　　共通 印花布
飾品配件
　　ABCD 胸針 金色15mm（404128）●
　　EF 胸針 金色20mm（404129）●
其他
　　共通 透明熱縮片（70214）〔Tamiya〕
　　　　　Decollage Coat●
　　ABCD 繡線

【用具】
　　共通 基本工具（p.7）、紙張、吹風機

A

B

繡線　　　　　　　繡線

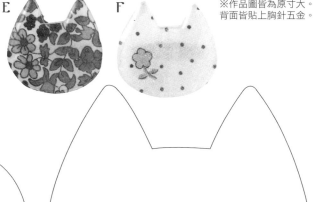

C　　　　　　　　D

E　　　　F

※作品圖皆為原寸大。
背面皆貼上胸針五金。

【紙型】 原寸大

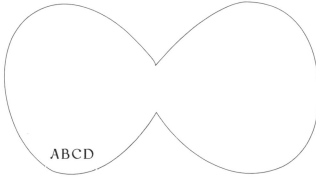

ABCD

EF

【作法】 A至D共通。以下為A的圖解步驟。

1 將熱縮片剪成紙型的形狀，放進小烤箱中加熱收縮（參見p.25解說）。

2 取略大於熱縮片的尺寸裁剪布料。

3 布料背面朝上，放在熱縮片上＆塗上防水保護劑，再以吹風機吹乾（約10分鐘）。

4 吹乾後，確認布料＆熱縮片已黏合，以剪刀或刀片，沿著熱縮片的輪廓形狀裁切布料。

5 在布料上再次塗上防水保護劑＆吹乾。

第1次

6 以筆刷在背面＆邊緣塗上UV膠，放在紙膠帶底墊（p.10）上，照UV燈2分鐘。

第2·3次

7 在正面塗上一層淺淺的UV膠，照UV燈30秒。然後再次注入UV膠，直到表面飽滿突出，以牙籤引導膠水均勻分布，照UV燈2分鐘。

第4次

8 製作A至D時，請在中央以繡線纏上幾圈，打單結加以固定，再將繩結塗上UV膠＆貼上胸針五金，照UV燈2分鐘。製作EF時，則只要直接將胸針五金貼在背面就完成了！

C

D

A

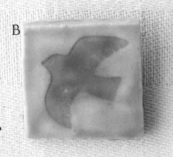

B

$\underset{11}{\overbrace{}}$

石粉黏土造型胸針

石粉黏土（p.5）胸針是一種把黏土壓平後，以印章印上圖案就可輕鬆完成的飾品。

雖然需要三天的乾燥時間，但是乾燥之後即可以削磨的方式加以塑型。

石粉黏土的魅力在於非常輕盈＆洋溢著簡約樸素的氣息。

塗上UV膠之後，更能讓作品呈現出陶器般的溫潤質感。

【材料】 ●&●參見p.64，除了特別指定之外，皆各1個。

UV膠
　　共通 太陽的溶劑・硬式UV膠●

黏土
　　共通 LaDoll Premix（303130）●

染色劑
　　共通 Vitrail
　　A 黃色（14）、紅色（12）
　　B 藍色（36）
　　C 褐色（11）
　　D 褐色（11）、紅色（12）

印章〔KODOMO NO KAO〕
　　A 房子（0996-002）
　　B 鳥（0994-001）
　　C 文字（0432-031）
　　D 香菇（0994-003）

飾品配件
　　共通 胸針 金色20mm（404129）●

【用具】
　　共通 基本工具（p.7）、免洗筷、擀麵棍、銼刀、紙杯、接著劑

A

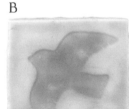
B

C

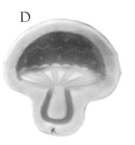
D

※作品圖皆為原寸大。
均在背面貼上胸針五金。

【作法】A至D共通。以下為A的圖解步驟。

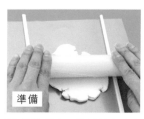
準備
1 揉散黏土，將兩根免洗筷放在黏土兩側，製造相同的高度。再將擀麵棍架在筷子上，擀平黏土。

用力按壓！
準備
2 以印章蓋印圖案。

準備
3 以刀片切除印章圖案周圍的黏土，靜置待乾（約三天）。完全乾燥之後，再以銼刀整修邊緣，磨到光滑為止。

1 以紅色 & 黃色染色劑調製出兩種顏色的UV膠。

第**1**次
2 黏土背面朝上，貼在紙膠帶底墊（p.10）上，以黃色UV膠塗滿整個背面 & 邊緣，再照UV燈2分鐘。

第**2**次
3 以黃色UV膠塗滿黏土正面，並將屋頂 & 右下角的花，塗上一層紅色UV膠，再照UV燈2分鐘。

第**3**次
4 由上而下再次塗上一層黃色UV膠水，照UV燈2分鐘。

5 以接著劑將胸針五金黏在背面。

section 3
灌模塑型

將UV膠灌進紫外線能夠穿透的UV膠專用模型（模具）中，再進行硬化定型。

若使用比較厚的模具來製作，請以分次的方式，重複進行灌膠＆照UV燈的動作使膠水硬化。

此外，在UV膠中加入吊飾、亮片或添加染色UV膠，還能作出高質感的飾品喔！

D

B

C

A

12
香水瓶項鍊

充滿浪漫風情的項鍊。

將自己喜歡的吊飾、珍珠、亮片粉等素材，以最均衡的方式填入香水瓶裡吧！

為了作出美麗的作品，記得要先以斜口鉗將吊飾上方的吊環剪掉喔！

【材料】 •&•參見p.64，除了特別指定之外，皆各1個。

UV膠
　　共通 太陽的溶劑・硬式UV膠•

染色劑
　　A 亮片（404148 星之碎片〈淡淡的戀慕〉珍珠色）•
　　B 亮片（404148 星之碎片〈淡淡的戀慕〉紫色）•
　　B 亮片（404149 星之碎片〈人魚之淚〉藍色）•
　　D 亮片（404148 星之碎片〈淡淡的戀慕〉粉紅色）•

密封・鑲嵌素材
　　A 王冠、獨角獸（404154 黃銅配件〈自尊〉）•
　　B 蝴蝶、玫瑰（404152 黃銅配件〈美貌〉）•
　　C 鑰匙、燕子（404155 黃銅配件〈秘密〉）•
　　D 珍珠（FE-00102-02、FE-00101-02、FE-00161-01）•各2個

吊飾
　　D 蝴蝶結 粉紅色（PT-301083-PK）•

飾品五金
　　AB 項鍊（NH-40058-G）•、中單圈

其他
　　共通 軟模具（404121 法式主題〈小瓶子〉）•

【用具】
共通 基本工具（p.7）
AB 平口鉗、圓嘴鉗、斜口鉗
C 斜口鉗

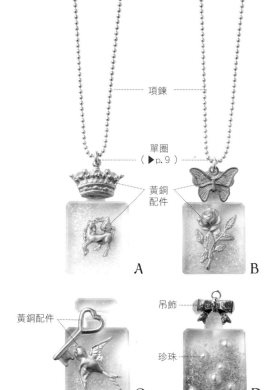

項鍊

單圈
（▶p.9）

黃銅
配件

A　　　　B

黃銅配件

吊飾

珍珠

C　　　　D

※作品圖皆為原寸大。

【作法】A至D共通。以下為A的圖解步驟。

1 以斜口鉗剪去吊飾上方的吊環。

第1次

2 在模具中灌入一層淺淺的UV膠，照UV燈30秒。

第2次

3 再次將UV膠灌至模具中一半的高度，吊飾背面朝上放入模具中，照UV燈30秒。製作D時則放入珍珠。

4 灌入一層淺淺的UV膠，灑上亮片粉。請以手指輕敲瓶底的方式，一點一點地灑出亮片粉。

仔細地撥散到角落

第3次

5 以牙籤充分混和UV膠＆亮片粉，並讓亮片集中在模具瓶底，再照UV燈30秒。

瓶蓋部分也要灌膠

第4次

6 再次將UV膠灌至模具邊緣為止，照UV燈2分鐘。

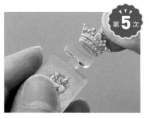

第5次

7 脫模取出。在吊飾背面沾一點UV膠並貼在瓶子上，照UV燈2分鐘。

8 製作AB時則需加上單圈，穿過鍊條作成項鍊。

13
方塊耳環&項鍊

以神似果凍外型&色彩的作品，作成可愛的耳環&項鍊吧！
以禮物盒為設計主題，並且以閃亮的蝴蝶結進行裝飾。
由於顏色會隨著染色劑的分量而改變，
因此請一邊確認狀況，一邊慢慢地加入染色劑。

【材料】 •&• 參見p.64，除了特別指定之外，皆各1個。

UV膠
　共通 太陽的溶劑・硬式UV膠 •

染色劑
　AB Vitrail 紅色（21）、綠色（13＋23）

密封・鑲嵌素材…各適宜
　BC 古董珠（DB34、DB35）•
　　　3mm管珠（CY-0001-41、CY-0001-42）•
　　　珍珠（FE-00161-01）•
　　　美甲彩珠（EU-01143-G、EU-01143-R）•

串珠
　C 施華洛世奇水晶珠 6mm（SW-0006000A）•、T針

吊飾
　C 星星（PC-301378-G）•

飾品五金
　A 耳針 銀色（PT-301864-R）•
　　 鍊條 銀色（NH-99030-R）•、小單圈2個
　　 3mm單圈4個
　B 耳針 金色（PT-301864-G）•
　　 鍊條 金色（NH-99030-G）•、小單圈2個
　　 3mm單圈4個
　C 項鍊 金色（NH-40058-G）•
　　 單圈、中單圈、小單圈2個

其他
　共通 軟模具（404175 標籤＆方塊〈立方體〉）•
　　　繩子 約1mm粗的金屬纖維緞帶 A銀色 BC金色

【用具】
　共通 基本工具（p.7）、平口鉗、圓嘴鉗、斜口鉗、紙杯

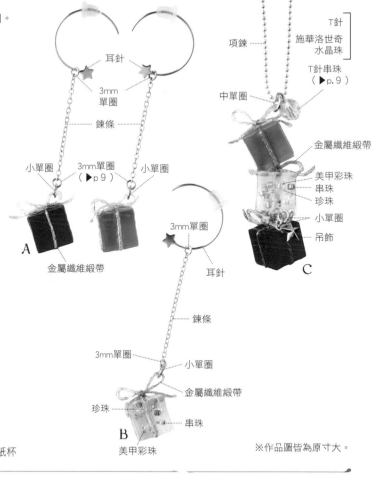

項鍊 ─
T針
施華洛世奇
水晶珠
T針串珠
（▶p.9）
中單圈
金屬纖維緞帶
美甲彩珠
串珠
珍珠
小單圈
吊飾
C

耳針
3mm
單圈
鍊條
小單圈
3mm單圈
（▶p9）
小單圈
A
金屬纖維緞帶

3mm單圈
耳針
鍊條
3mm單圈
小單圈
金屬纖維緞帶
珍珠
串珠
B
美甲彩珠

※作品圖皆為原寸大。

【作法】 A至C共通。以下為A的圖解步驟。

1 以紅色＆綠色染色劑調製出兩種顏色的UV膠（p.10）。

第1次

2 將染色的UV膠灌進模具裡，照UV燈2分鐘後脫模取出。

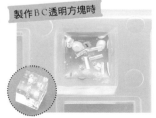

製作BC透明方塊時

製作BC透明方塊時，請先灌入少許透明UV膠，再放入串珠，照UV燈30秒。重複以上步驟兩次，直到UV膠灌至模具邊緣的高度，照UV燈2分鐘後脫模取出。

第2次

3 將金屬纖維緞帶剪至20cm長，任方塊周圍繞一圈後，再轉成十字繞回去打結。打結處以筆刷塗上透明UV膠，照UV燈1分鐘。

第3・4次

4 取另一段10cm長的金屬纖維緞帶，綁成一個蝴蝶結。打結處以筆刷塗上透明UV膠放在方塊上，照UV燈2分鐘來黏合。接著再將整個蝴蝶結塗上UV膠，照UV燈2分鐘。

第5次

5 以手捏住蝴蝶結將方塊舉起，整個塗上一層透明UV膠，照UV燈30秒。

第6次

6 再次將整體塗上一層透明UV膠，以手持蝴蝶結的方式照UV燈30秒，再整個放在UV燈下照燈1分30秒。最後修剪蝴蝶結長度。

7 以單圈連接方塊＆耳針。製作C時，請將三個方塊分別沾上UV膠後重疊放置，以手捏合的方式照UV燈30秒，再整個放在UV燈下照燈1分30秒。

14
亮片胸針&戒指

這是一件華麗又具有立體感的飾品。

製作過程中充分利用了UV膠可以作為接著劑的特性，

只要先以UV膠製作一個半球體，再以亮片帶從中央起，一圈一圈地纏繞半球即可。

在膠水硬化之前，隨時都可以調整亮片帶的位置；

調整至最佳配置後，再以UV燈照射固定，飾品就完成了！

【 材料 】 •&•參見p.64，除了特別指定之外，皆各1個。

UV膠
　　共通 太陽的溶劑・硬式UV膠•

底座
　　AB 基本款圓形（404161）•

密封・鑲嵌素材
　　A 亮片帶 寬0.6cm 極光色彩
　　B 亮片帶 寬0.6cm 白色
　　　黏貼專用玻璃珠（HB-1012-10）•
　　C 亮片帶 寬0.6cm 紫色

吊飾
　　B 鑰匙、燕子（404155 黃銅配件〈秘密〉）•
　　C 葉子（PC-300169-G）•2個

串珠
　　A 棉珍珠（JP-00041-BE）•
　　　珍珠（FE-00102-02）•
　　　施華洛世奇水晶珠 6mm（SW-0006000A）•
　　　火磨珠（FP08096-0、FP06216-0）•
　　　T針5個

飾品五金
　　A 一字胸針 古金色（PT-300249-SN）•、中單圈、小單圈5個
　　B 胸針 金色20mm（404129）•、中單圈
　　C 戒指 金色（PT-302520-G）•

其他
　　共通 軟模具（404176 半球型 AB 24mm C 14mm）•

【 用具 】
　　共通 基本工具（p.7）、平口鉗、圓嘴鉗、斜口鉗、接著劑

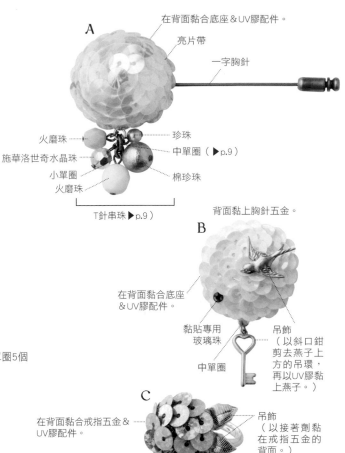

A
在背面黏合底座＆UV膠配件。
亮片帶
一字胸針
火磨珠　　　珍珠
施華洛世奇水晶珠　　中單圈（▶p.9）
小單圈　　棉珍珠
火磨珠
T針串珠▶p.9）

B
背面黏上胸針五金。
在背面黏合底座＆UV膠配件。
黏貼專用玻璃珠
中單圈
吊飾（以斜口鉗剪去燕子上方的吊環，再以UV膠黏上燕子。）

C
在背面黏合戒指五金＆UV膠配件。
吊飾（以接著劑黏在戒指五金的背面。）

※作品圖皆為原寸大。

【 作法 】 A至C共通。以下為A的圖解步驟。

第1次
1 在模具中灌入UV膠，灌至模具邊緣為止，照UV燈2分鐘。

第2次
2 底座（C為戒指五金）注入UV膠，將步驟1的半球體放在底座上，照UV燈2分鐘。

第3次
手不要碰觸UV膠！
3 在半球體的頂端塗上一些UV膠，將亮片帶的一端放上去之後，以壓住亮片帶的狀態照UV燈30秒。

隨時調整配置！
4 以筆刷將整個半球體塗上UV膠，再將亮片帶一圈一圈慢慢地纏繞在半球體上。

5 纏繞到半球體的底部後，剪去亮片帶的尾端。

第4次
6 以牙籤調整亮片帶的位置，照UV燈2分鐘。

7 將一字胸針（B為胸針五金）貼在半球體背面，並以接著劑黏上T針串珠或吊飾，飾品完成！

15

紙膠帶花樣髮飾

將紙膠帶貼在經過灌模塑型＆硬化完成的UV膠物件上，
再塗上一層UV膠加以硬化，並在背面貼上單腳鈕釦或髮夾五金，
就可以作出簡單又好用的飾品！

A

B

C

D

【材料】 •&•參見p.64，除了特別指定之外，皆各1個。

UV膠
　共通 太陽的溶劑・硬式UV膠•

密封・鑲嵌素材
　共通 紙膠帶
　A 紫色條紋
　B 花朵
　C 黃色條紋
　D 水果

串珠
　A 棉珍珠（JP-00041-WH）•
　　T針、6mm單圈

飾品五金
　A 單腳鈕釦（404178）•
　BC 單腳鈕釦（404178）•2個
　D 髮夾五金（PT-300789-SN1）•

其他
　共通 軟模具
　　（404119 板塊&邊框 ABC 圓形 D 橢圓形）•
　　彈力髮圈 A 紫色 B 粉紅色 C 白色

【用具】
　共通 基本工具（p.7）、斜口鉗
　A 平口鉗、圓嘴鉗

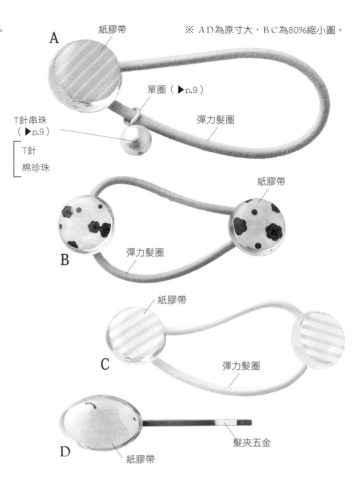

A ── 紙膠帶
※ AD為原寸大，BC為80%縮小圖。
單圈（▶p.9）
T針串珠（▶p.9）
彈力髮圈
　T針
　棉珍珠
B ── 紙膠帶
彈力髮圈
C ── 紙膠帶
彈力髮圈
D ── 紙膠帶
髮夾五金

【作法】A至D共通。以下為A的圖解步驟。

第1次

1 在模具中灌入UV膠，照UV燈2分鐘。

以接合的方式補足寬度

2 脫模取出後，在正面貼上紙膠帶。

3 沿著UV膠組件的邊緣裁切紙膠帶。

剪去多餘的部分　**第2次**

4 將UV膠組件貼在紙膠帶底墊（p.10）上，以筆刷在正面&邊緣塗上UV膠，照UV燈30秒。

第3次

5 再次倒入UV膠，直到表面飽滿突出，照UV燈2分鐘。

第4次

6 撕下UV膠組件，翻至背面&貼在紙膠帶底墊上，再以UV膠黏上單腳鈕釦，照UV燈2分鐘。

7 將彈力髮圈穿過單腳鈕釦，再將T針串珠加上單圈並穿過髮圈後，打結固定。

製作D時

製作D時，以UV膠將髮夾五金黏在步驟5的組件背面，照UV燈2分鐘。

長方形鑰匙圈吊飾

在紙膠帶上塗一層UV膠，作成小小的片狀組件，再密封於長方形的硬化UV膠上。

若是以交通工具作為主題的吊飾，男性也會喜歡喔！

若想給小孩使用，以相同的貼紙製作數個吊飾，

就能作為隨身物品的標記。

另外也可以添加其他吊飾，作出高雅的感覺。

盡情享受各種風格創作的樂趣吧！

How to make p.44

A

B

C

D

ALDRIN
©FOLIMAGE

⌣
17
棒棒糖造型包包吊飾

以兩個半球體UV膠組件黏合而成的棒棒糖飾品。
以條紋圖案的紙膠帶纏繞棒子＆以紙膠帶蝴蝶結（p.26）遮掩9針，
經過這些處理之後，就能具體呈現出棒棒糖的感覺。
最後再以微粒玻璃珠作出灑上糖粉的效果，超逼真的飾品完成了！

How to make　p.46

長方形鑰匙圈吊飾 p.42

【 材料 】 ●&●參見p.64，除了特別指定之外，皆各1個。

UV膠
　　共通 太陽的溶劑・硬式UV膠●

密封・鑲嵌素材
　　A 透明熱縮片（70214）〔Tamiya（以下皆同）〕、
　　　紙膠帶、貼紙（黑貓）
　　B 透明熱縮片（70214）
　　　紙膠帶、貼紙（狗）
　　C 透明熱縮片（70214）、貼紙（香菇）
　　D 透明熱縮片（70214）、貼紙（車子）
　　E 透明熱縮片（70214）、紙膠帶
　　F 透明熱縮片（70214）
　　　吊飾（PT-302588-G〈皇冠〉）●
　　　轉印貼紙（404144〈7個願望〉）●

吊飾
　　C 香菇（J-54）〔內藤商事〕

飾品五金
　　A 羊眼（PC-301089-G）●
　　　鑰匙釦（PC-301166-G）●、6mm單圈2個

　　B 羊眼（PC-301089-R）●
　　　鑰匙釦（PC-301166-R）●、6mm單圈2個
　　C 羊眼（PC-301089-G）●
　　　鑰匙釦（PC-301166-G）●、6mm單圈2個、小單圈
　　D 羊眼（PC-301089-R）●
　　　鑰匙釦（PC-301166-R）●、6mm單圈2個
　　E 羊眼（PC-301089-G）●
　　　鑰匙釦（PC-301166-G）●、6mm單圈2個
　　F 羊眼（PC-301089-G）●
　　　鑰匙釦（PC-301166-G）●、6mm單圈2個

其他
　　共通 水性彩繪筆 C 紅色 D 黃色 F 藍色
　　　　軟模具（404175 標籤&方塊〈長方形〉）●
　　ABCD Decollage Coat●

【 用具 】
　　共通 基本工具（p.7）、平口鉗、圓嘴鉗
　　　　鑽孔器、接著劑、吹風機

【 A至E 作法 】 共通。以下為A的圖解步驟。

1 將防水保護劑塗在貼紙上，以吹風機吹乾（約10分鐘）。

2 將UV膠灌進模具裡，灌至模具的八分滿，照UV燈30秒。

3 以剪刀將熱縮片剪成可以放進模具的形狀（2.2×1.6cm）。

4 將紙膠帶貼在熱縮片上，剪去多餘的部分。製作CD時，則以筆在熱縮片上塗滿顏色，靜置待乾。

5 將貼紙上的圖案剪下來，貼到步驟4的熱縮片上。

6 在模具裡注入一層薄薄的UV膠，以正面朝上的方式，放進步驟5的熱縮片。

7 再次灌入UV膠，灌至模具邊緣為止，照UV燈2分鐘。

8 脫模取出後，背面朝上貼在紙膠帶底墊（p.10）上；以牙籤引導膠水均勻分布，注入UV膠直到表面飽滿突出，再照UV燈2分鐘。

9 翻至正面，進行步驟8相同的動作，照UV燈2分鐘。

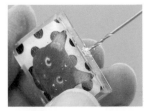
10 以鑽孔器鑽洞（p.9），再將沾了UV膠的羊眼插進洞裡。

11 照UV燈2分鐘，使羊眼黏著固定（p.9）。

12 藉由單圈來連接鑰匙釦。製作C時則另外加上吊飾。

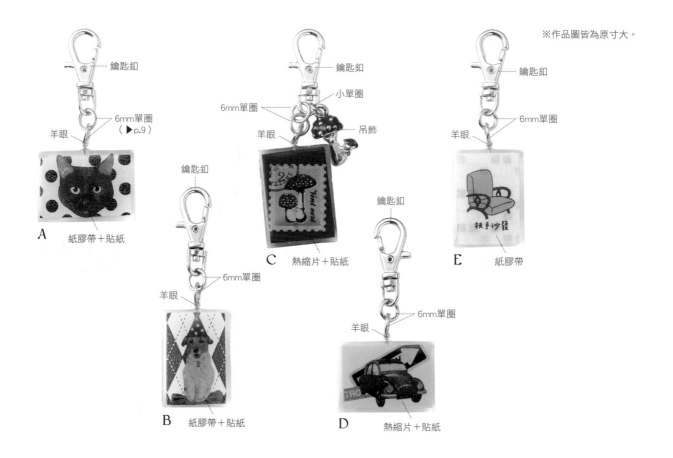

鑰匙釦

羊眼 — 6mm單圈（▶p.9）

A 紙膠帶＋貼紙

鑰匙釦

羊眼 — 6mm單圈

B 紙膠帶＋貼紙

鑰匙釦

6mm單圈 — 小單圈

羊眼 — 吊飾

C 熱縮片＋貼紙

鑰匙釦

羊眼 — 6mm單圈

D 熱縮片＋貼紙

鑰匙釦

羊眼 — 6mm單圈

E 紙膠帶

【F 作法】

鑰匙釦

羊眼 — 6mm單圈（▶p.9）

F 轉印貼紙　吊飾

暫時固定在熱縮片上　第1次

1 以剪刀將熱縮片剪成可以放進模具的形狀（2.2×1.6cm），再以筆將熱縮片塗成藍色，靜置待乾。

2 在熱縮片上注入一些UV膠水，放上吊飾＆照UV燈30秒暫時固定。

第2次

第3次

第4次

3 在模具中灌入一層淺淺的UV膠，以正面朝上的方式，放入步驟2的熱縮片，照UV燈30秒。

4 再次灌入UV膠，灌至模具邊緣為止，照UV燈2分鐘。

5 脫模取出後，塗上一層薄薄的UV膠＆放上轉印貼紙，照UV燈2分鐘。再依作品A的步驟8至12作法完成飾品。

棒棒糖造型包包吊飾 p.43

【材料】 ●&●參見p.64，除了特別指定之外，皆各1個。

UV膠
  共通 太陽的溶劑‧硬式UV膠 ●

染色劑
  A Vitrail 白色（20）、Pika Ace 深紅色
  B Vitrail 白色（20）、綠色（34）
  C Vitrail 白色（20）、黃色（23）
  D Vitrail 白色（20）、紫色（33）

密封‧鑲嵌素材
  共通 玻璃珠、紙膠帶

吊飾
  A 愛心（EU-00491-G）●、單圈
  B 星星（EU-00497-G）●、單圈

飾品五金
  A 包鍊（PC-301038-PGB）●
    羊眼（PC-300467-G）●、小單圈3個
  B 包鍊（PC-301038-G）●
    羊眼（PC-300467-G）●、小單圈3個
  C 羊眼（PC-300467-G）●
  D 羊眼（PC-300467-G）●

其他
  共通 棒棒糖專用棒或棉花棒的紙棒（裁至4cm）
    軟模具（404176 半球形 直徑20mm）●

【用具】
  共通 基本工具（p.7）、平口鉗、圓嘴鉗、斜口鉗、鑽孔器

【作法】 A至D共通。以下為A的圖解步驟。

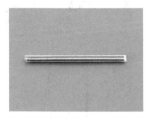

1 以紙膠帶纏繞，作出棒棒糖的棒子。

2 以製作棒子的同款紙膠帶，製作全長2cm的蝴蝶結配件（p.26）。

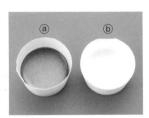

3 製作ⓐ指定色&ⓑ白色，兩種染色UV膠（p.10）。

動作要快喔！ 第1次

4 製作ABC時，以牙籤沾取ⓑ，在模具底部畫上圖案，再照UV燈30秒。

製作D時

製作D時，在模具底部以牙籤沾取ⓑ畫上漩渦線條，再照UV燈30秒。

第2次

5 在模具裡灌入ⓐ，灌至邊緣為止。照UV燈2分鐘後，再脫模取出。

第3次

6 接著作出另一個半球體。製作A時，直接將ⓐ灌至模具邊緣；製作BC時，則先畫上圖案再灌膠。照UV燈2分鐘。

製作D時

製作D時，在模具底部畫上能夠與已經脫膜的半球體相連的漩渦線條，照UV燈30秒。接著再將ⓐ灌至模具邊緣，照UV燈2分鐘。

包鍊

單圈

單圈（▶p.9）

吊飾

吊飾

紙膠帶蝴蝶結
（▶p.27）
背面加上羊眼
&2個單圈。

紙膠帶蝴蝶結
背面加上羊眼。

表面灑上
玻璃珠。

表面灑上
玻璃珠。

棒棒糖專用棒
＋
紙膠帶

棒棒糖專用棒
＋
紙膠帶

A

B

C

D

※作品圖皆為原寸大。

第**4**次

7 在半球體的平面部分塗上
ⓐ後，黏合兩個半球體。
先以手捏合，照UV燈30
秒。再將球體放在UV燈下
照燈1分30秒。

第**5**次

8 以鑽孔器鑽出足夠放入棒
子的洞，將沾了UV膠的棒
子插進洞裡，照UV燈30
秒。

第**6**次

9 手持糖果的部分，將整個
棒子連同接合處塗上UV
膠。先以手持的方式照UV
燈30秒，再把棒棒糖放在
UV燈下照燈1分30秒。

鑽出羊眼專用的小洞

第**7**次

10 以鑽孔器鑽出插入羊眼的
洞，再將沾附透明UV膠的
羊眼插進洞裡，照UV燈2
分鐘。

第**8**次

11 在糖果的部分以筆刷塗上
UV膠，將玻璃珠均勻灑在
上面。先以手持的方式照
UV燈30秒，再把棒棒糖放
在UV燈下照燈1分30秒。

第**9**次

12 取能夠遮蓋羊眼圈的位
置，以透明UV膠將蝴蝶結
黏在糖果上，照UV燈2分
鐘。

13 以單圈連接包鍊，飾品完
成！

47

18

吹玻璃風飾品組

宛如吹玻璃一般，表面呈現光芒搖曳的質感，充滿魅力的飾品。
只要將花朵或串珠等素材散放在模具中，加以硬化即可完成。
UV膠的透明質感，除了能夠突顯花朵素材的女人味，
以金色配件加以裝飾時，還能作出華麗感十足的飾品！
How to make p.50

A

D

為了作出仿古玻璃般的溫暖感，
脫模取出UV膠物件後，必須在周圍重複塗刷UV膠。
透過塗上數層UV膠的步驟，
可以讓成品的表面呈現細緻的凹凸感，
呈現出波光粼粼般的效果。

吹玻璃風飾品組 p.48、49

AB

【材料】 •&•參見p.64，除了特別指定之外，皆各1個。

UV膠 共通 太陽的溶劑・硬式UV膠•
密封・鑲嵌素材…各適量
　AB 主要零件
　珍珠（FE-00161-01）、古董珠（DB34、DB35）
　波西米亞珠（CB-19102）、美甲彩珠（EU-01143-G、EU-01143-R）
　玻璃尖底鑽（SS5、SS12）、麥桿菊乾燥花（參見圖示）
　A 水鑽（爪台鍊型）#110（PC-300406-001-G）
　A 鏤空飾片（PT-300146-G）
　A 圈環
　　① 3mm管珠 銀色（CY-0001-41）•
　　② 3mm管珠 金色（CY-0001-42）•
　　③ 珍珠（FE-00161-01）•、玻璃尖底鑽（SS5）
　　④ 珍珠（FE-00161-01）•、古董珠（DB34、DB35）•
　　　波西米亞珠（CB-19102）•
吊飾 A 金幣（EU-01331-G）•
串珠 A 施華洛世奇水晶珠 6mm（SW-0006000A）•、9針 各2個
飾品五金
　A T字扣（PT-300590-G）•、裝飾單圈（EU-00904-G）•8個
　中單圈9個、小單圈8個、T針2個
　B 鍊條（NH-99085-SN）•、裝飾單圈（PC-300613-SN）•
　延長鏈、圓扣頭、小單圈2個、T針
其他 共通 軟模具
　　　（A 404122 寶石〈橢圓形〉、404174 戒指〈3號〉）•
　　　（B 404122 寶石〈大水滴〉）

【用具】
　共通 基本工具（p.7）、平口鉗、圓嘴鉗、斜口鉗

CD

【材料】 •&•參見p.64，除了特別指定之外，皆各1個。

UV膠
　共通 太陽的溶劑・硬式UV膠•
密封・鑲嵌素材…各適量
　CD 珍珠（FE-00161-01、FE-00101-02）•
　　古董珠（DB34、DB35）•
　　美甲彩珠（EU-01143-G、EU-01143-R）•
　　波西米亞珠（CB-19102）•
　　玻璃尖底鑽（SS5、SS12）
　　麥桿菊乾燥花（參見圖示）
　C 鏤空飾片（PT-300146-G）•
　　水鑽（爪台鍊型）#110（PC-300406-001-G）•
飾品五金
　C 戒指（PT-301205-G）•
　D 鍊條（NH-99030-G）•
　　耳針（EU-00408-G）•
　　3mm單圈4個、T針4個
其他
　C 軟模具（404176 半球形〈18mm〉）•
　D 軟模具（404122 寶石〈大14mm〉〈小10mm〉）•

【用具】
　共通 基本工具（p.7）
　C 銼刀
　D 平口鉗、圓嘴鉗、斜口鉗

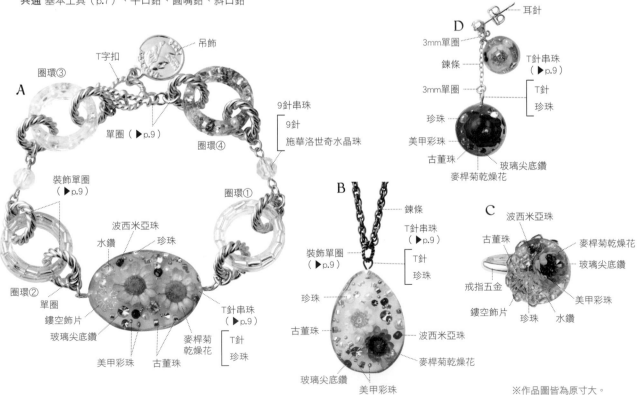

A
圈環③
T字扣
吊飾
單圈（▶p.9）
圈環④
9針串珠
　9針
　施華洛世奇水晶珠
圈環①
裝飾單圈（▶p.9）
波西米亞珠
水鑽
珍珠
圈環②
單圈
鏤空飾片
玻璃尖底鑽
美甲彩珠
古董珠
麥桿菊乾燥花
T針串珠（▶p.9）
　T針
　珍珠

B
鍊條
T針串珠（▶p.9）
　T針
　珍珠
裝飾單圈（▶p.9）
珍珠
古董珠
波西米亞珠
麥桿菊乾燥花
玻璃尖底鑽
美甲彩珠

D
耳針
3mm單圈
鍊條
T針串珠（▶p.9）
3mm單圈
珍珠
美甲彩珠
古董珠
T針
珍珠
玻璃尖底鑽
麥桿菊乾燥花

C
波西米亞珠
古董珠
麥桿菊乾燥花
玻璃尖底鑽
戒指五金
美甲彩珠
鏤空飾片
珍珠
水鑽

※作品圖皆為原寸大。

【 AB 作法 】 共通。以下為A的圖解步驟。

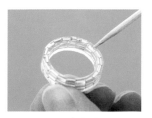

1 參照p.61的作法，製作四個圈環。

2 以T針穿入珍珠後，將針身扭成圓形。再取珍珠沾附UV膠，放在鏤空飾片中央，照UV燈30秒。

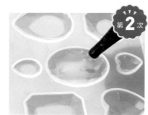

3 在模具中灌入一層淺淺的UV膠，照UV燈30秒。

先塗上UV膠以免產生氣泡

4 將模具再次灌入一層淺淺的UV膠後，放入塗上UV膠的乾燥花，盡量放進膠水底部。照UV燈30秒。

5 灌入少量的UV膠＆放入三分之一分量的裝飾物，照UV燈30秒。

6 重複進行步驟5的動作。第三次灌入UV膠後，放入步驟2T針串珠的珍珠部分，照UV燈2分鐘。

7 脫模取出，背面朝上貼在紙膠帶底墊（p.10）上。將背面塗上UV膠＆照UV燈2分鐘後，翻至正面朝上，再照UV燈2分鐘。

重複塗刷，作出光彩感

8 以鉗子夾住T針的方式舉起組件，重複進行塗膠＆照UV燈的步驟。前兩次照UV燈30秒，最後一次照UV燈2分鐘。最後，A以裝飾單圈連接配件，B則接上項鍊鍊條。

【 CD 作法 】 共通。以下為C的圖解步驟。

1 將沾附UV膠的珍珠放在鏤空飾片中央，照UV燈30秒。

2 在模具中灌入一層淺淺的UV膠，照UV燈30秒。

3 在乾燥花中間加一點UV膠，放上串珠或珍珠，照UV燈30秒。

4 在模具中灌入一層淺淺的UV膠，放入塗上UV膠的乾燥花，盡量放進膠水底部。再將步驟1的鏤空飾片＆其他串珠放在花的周圍，照UV燈30秒。

整體均勻散布

5 分三次填入UV膠＆配件。前兩次在放入配件之後，照UV燈30秒，最後一次則照UV燈2分鐘。

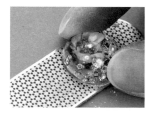

6 脫模取出。若底部不夠平坦，以銼刀磨平。

重複塗刷，作出光彩感

7 將磨平的底部沾上UV膠，黏在戒指配件上，照UV燈2分鐘。再重複進行塗膠＆照UV燈的步驟，前兩次照UV燈30秒，最後一次照UV燈2分鐘。

製作D時

製作D時，請先製作一個加入串珠、乾燥花、T針串珠的半球體，再製作一個沒有加入任何物件的半球體。將兩個半球合成一個球體（p.47）之後，連接鍊條＆耳針五金。

51

星球主題の
項鍊・胸針・耳環

以亮片或指甲彩繪專用的雷射全像箔等素材，
作出以地球為主題的組件。
在模具內放置亮片或雷射全像箔時，
若故意擺成幾個塊狀，
就可以呈現出如陸地＆雲層覆蓋地球般的設計感。

C

A

B

【材料】 •&●參見p.64，除了特別指定之外，皆各1個。
UV膠　共通 太陽的溶劑・硬式UV膠 ●
染色劑　共通 Vitrail 藍色（10）
密封・鑲嵌素材
　　A 美甲專用雷射全像箔
　　B 亮片（404150 星之碎片〈機會的預感〉銀色）●
　　　黏貼專用玻璃珠（HB-1006-15）●
　　C 亮片（404150 星之碎片〈機會的預感〉金色）●
　　　金屬圈（EU-00471-G）●
吊飾
　　A 星星、齒輪（404157 黃銅配件〈愛情戰術〉）●、
　　　水晶（PC-300352-000-G）●
　　B 月亮、土星（404153 黃銅配件〈宇宙〉）●
　　　星星（PC-301378-R）●2個
　　C 星星（PC-301378-G）●、單圈
串珠…各4個
　　B 3mm管珠 銀色（CY-0001-41）●、金色（CY-0001-42）●
飾品五金
　　A 大別針（PT-300199-G）●、小單圈、羊眼
　　B 耳針（EU-00408-G）●、小單圈4個、9針30mm 2個
　　C 項鍊（NH-99022-G）●、羊眼
　　　龍蝦釦、雙孔連接片、6mm單圈、單圈3個
其他
　　共通 軟模具（404176 半球形 A 14mm　B 10mm　C 18cm）●

【用具】
　　共通 基本工具（p.7）、平口鉗、圓嘴鉗、斜口鉗、鑽孔器、紙杯

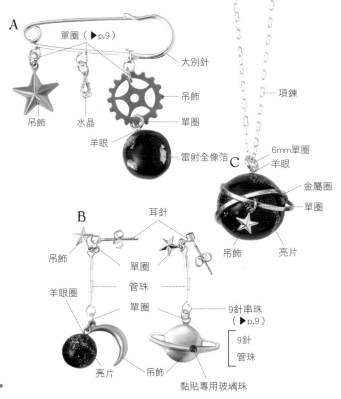

A
單圈（▶p.9）
大別針
吊飾
單圈
羊眼
雷射全像箔
吊飾　水晶
羊眼

項鍊
6mm單圈
羊眼
金屬圈
單圈
吊飾　亮片
C

B
耳針
吊飾
單圈
管珠
單圈
羊眼圈
亮片
吊飾
9針串珠（▶p.9）
9針
管珠
黏貼專用玻璃珠

※作品圖皆為原寸大。

【作法】 A至C共通。以下為A的圖解步驟。

放置時要注意均衡！

第1次

第2~4次

第5~8次

1　製作染色UV膠（p.10）。

2　以筆刷在模具內側塗上UV膠，放入雷射全像箔。製作BC時，則改為隨意灑入亮片。照UV燈30秒。

3　分三次灌入UV膠，灌至模具邊緣為止。每次灌膠後皆照UV燈2分鐘，等UV膠硬化之後再脫模取出。

4　再作一個相同的UV膠組。
　　Point 由於深色的UV膠在硬化時比較花時間，若取出時尚未硬化，可再照射1分鐘。重複此動作直到完全硬化為止。

第9次

第10次

第11次

製作C時

5　在步驟4的半球體平面塗上透明UV膠，黏合兩個半球體。先以手捏合照UV燈30秒，再將球體放在UV燈下照燈1分30秒。

6　以鑽孔器鑽洞。羊眼沾UV膠之後插入洞裡，照UV燈2分鐘。

7　以鉗子夾住羊眼舉起球體，將整體塗上一層UV膠。先以手持的方式照UV燈30秒，再放在UV燈下照燈1分鐘。最後以單圈連接配，飾品完成！

製作C時，以筆刷在金屬圈內側塗上UV膠水後，以金屬圈箍住球體&以手捏合照UV燈1分鐘，再放在UV燈下照燈1分鐘。接著將整體&金屬圈內側塗上UV膠，照UV燈2分鐘加強黏合。

20
鈕釦標籤風の包包吊飾

以復古風格的鈕釦標籤作為主題的包包吊飾。
以鈕釦形狀的模具作出大小不同的鈕釦，顏色＆圖案即可隨自己的喜好製作。
將標籤UV膠組件以紙膠帶或轉印貼紙的文字加以裝飾後，看起來就更加逼真了！

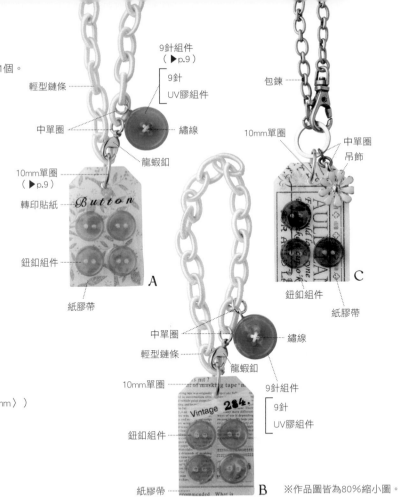

【材料】•&•參見p.64，除了特別指定之外，皆各1個。

UV膠 共通 太陽的溶劑·硬式UV膠•

染色劑

　A Pika Ace 亮粉色

　B Vitrail 白色（20）、藍色（20＋37）

　C Vitrail 褐色（14）、焦糖色（12＋14＋15）

密封·鑲嵌素材

　A 轉印貼紙 草寫體英文字母（404142）

　　紙膠帶

　B 紙膠帶

　C 紙膠帶

吊飾 C 瑪格麗特菊〔內藤商事〕•

飾品五金

　A 輕型鏈條（AH-10001-2）•

　　10mm單圈、中單圈2個、龍蝦釦、9針

　B 輕型鏈條（AH-10001-2）•

　　10mm單圈、中單圈2個、龍蝦釦、9針

　C 包鍊（PC-300662-SN）

　　10mm單圈、中單圈2個

其他

　共通 軟模具（404175 標籤＆方塊〈標籤·大〉）

　　（404177 鈕釦〈有外圈款10mm〉〈有外圈款15mm〉）

　AB 繡線

【用具】

　共通 基本工具（p.7）、平口鉗、圓嘴鉗、斜口鉗

　鑽孔器、銼刀、紙杯 AB 手縫針

※作品圖皆為80%縮小圖。

【作法】 A至C共通。以下為A的圖解步驟。

1 A使用單色染色膠，BC使用兩色染色膠（p.10）。A粉紅色，B@藍色＋ⓑ白色，C@焦糖色＋ⓑ褐色。

2 將步驟1的染色UV膠倒入模具裡，照UV燈2分鐘。AB各作出4小+1大的鈕釦，C則製作3顆小鈕釦。Point 製作BC時，參見p.60的說明，作出玳瑁花色。

3 將透明UV膠灌入模具，灌至模具邊緣為止，照UV燈2分鐘。

剪去多餘的部分

4 脫模取出後，將正面貼上紙膠帶，再以剪刀剪去超出UV膠組件的多餘紙膠帶。

5 以牙籤戳洞。

不要堵住洞口！

6 將UV膠組件貼在紙膠帶底墊（p.10）上，在正面＆邊緣塗上透明UV膠，照UV燈1分鐘。製作A時，在塗膠前先貼轉印貼紙。

7 將步驟2的鈕釦背面以銼刀磨平後，以筆刷將步驟6整面塗上透明UV膠水＆放上鈕釦，照UV燈2分鐘。

8 製作AB時，以鑽孔器在大鈕釦上鑽洞，再將長約5mm的9針沾上UV膠，插入洞中，照UV燈2分鐘。最後以單圈接連包鍊＆其他配件。

55

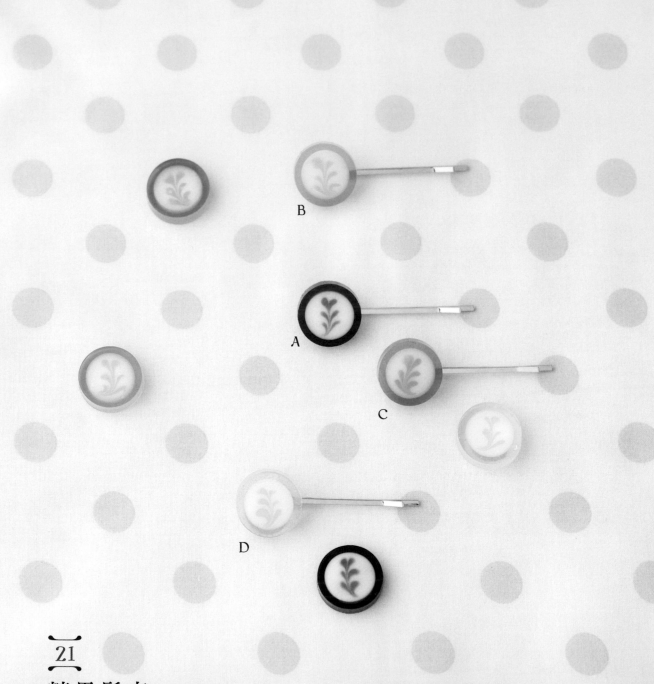

A

B

C

D

21
糖果髮夾

在以模具作成的圈環中間灌入UV膠，就變成糖果了！

位於中央的可愛標誌，是以兩種顏色的UV膠，趁膠水硬化前以拉花手法畫出的圖案。

但若拉花繪圖耗時太久，染色UV膠就會沈到底下。

因此製作訣竅是──趕快畫完＆立刻進行硬化！

【 材料 】 ●&● 參見p.64，除了特別指定之外，皆各1個。

UV膠
　共通 太陽的溶劑・硬式UV膠 ●

染色劑
　A Vitrail 白色（20）、紅色（21）、粉紅色（20＋21）
　B Vitrail 白色（20）、綠色（13＋23）、黃綠色（20＋13＋23）
　C Vitrail 白色（20）、橘色（16＋23）、鉻黃色（20＋16＋23）
　D Vitrail 白色（20）、黃色（23）、檸檬黃（20＋23）

飾品五金
　AC 圓台一字夾（PT-300789-G1）●
　BD 圓台一字夾（PT-300789-R1）●

其他
　共通 軟模具（404174戒指〈7號〉）●

【 用具 】
　共通 基本工具（p.7）、斜口鉗、紙杯、接著劑

※作品圖皆為原寸大。

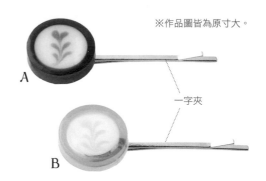

A

一字夾

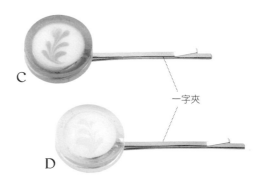

B

C

一字夾

D

【 作法 】 A至D共通。以下為A的圖解步驟。

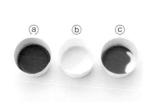

ⓐ　ⓑ　ⓒ

1 先調製三種顏色的UV膠
（p.10）。
ⓐ深色（外圍）
ⓑ白色（中央）
ⓒ白色＋ⓐ（圖案）

第**1**次

2 在戒指形模具裡灌入ⓐ，灌至模具邊緣為止。照UV燈2分鐘。

以斜口鉗剪去溢出的毛邊

第**2**次

3 脫模取出後，貼在紙膠帶底墊（p.10）上，在中間灌入一層淺淺的透明UV膠。照UV燈30秒。

第**3**次

4 再次灌入UV膠，最多灌到邊緣下方約1mm處為止。照UV燈2分鐘。

步驟5・6動作要快！

5 在模具中灌入ⓑ，灌至模具邊緣為止。如圖所示，以ⓒ畫出三道痕跡。

另取新牙籤來畫！

第**4**次

6 取另一根新牙籤在圖案中間畫一條直線，然後立即照UV燈2分鐘。

第**5-6**次

7 以筆刷在正面＆邊緣塗上透明UV膠，照UV燈2分鐘。再翻至背面，同樣塗上UV膠＆照UV燈2分鐘。

8 最後以接著劑黏上髮夾五金。

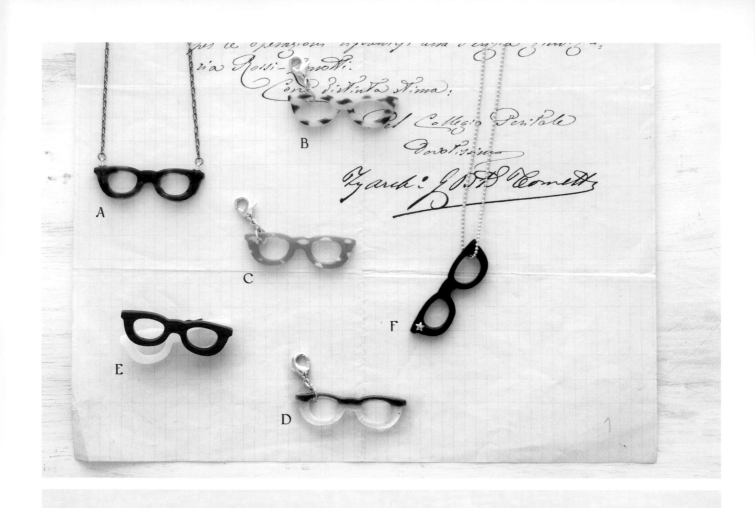

A

B

C

E

F

D

꒰ 22 ꒱
眼鏡吊飾
密封錬子&串珠の
透明戒指

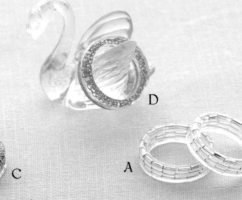

D

C

A

B

作法乍看好像很難，但只要在戒指模具中加入透明UV膠＆串珠＆錬條，就完成了！
密封管珠的作品是先仔細地將管珠排成一條線，重疊堆出三條珠線後再進行硬化。
眼鏡吊飾則加入了以UV膠來製作花紋的技巧。

How to make p.60,p61

23
象牙·珊瑚·玳瑁風格の
戒指＆耳環

喜歡的素材物件，也可以利用UV膠作出同樣形狀的作品喔！
這時就要採用「翻模」的技巧，以矽膠來製作原創的模具。
雖然矽膠必須靜置一天才能完全凝固，但作法非常簡單！

How to make p.62

眼鏡吊飾 p.58

【材料】 •＆••參見p.64，除了特別指定之外，皆各1個。

UV膠
共通 太陽的溶劑・硬式UV膠 •

染色劑
A Vitrail 褐色（14）、焦糖色（12＋14＋15）
B Vitrail 黑色（15）、Pika Ace（檸檬黃）
C Pika Ace（天然白、天空藍＋天然白）
D Vitrail 黑色（15）
E Vitrail 白色（20）、Pika Ace（中國紅）
F Vitrail 黑色（15）

密封・鑲嵌素材
F 美甲鉚釘（星星）

飾品五金
A 羊眼（NH-99022-SN）•2個、鍊條（PC-301089-G）•
　　延長鍊、圓扣頭、3mm單圈4個
B 6 mm單圈、小單圈、龍蝦釦
C 6 mm單圈、小單圈、龍蝦釦
D 6 mm單圈、小單圈、龍蝦釦
E 胸針 金色15mm（404128）•
F 項鍊（NH-40058-G）•

其他
共通 軟模具（404175標籤＆方塊〈眼鏡〉）•

【用具】
共通 基本工具（p.7）、平口鉗、圓嘴鉗、斜口鉗、紙杯
A 鑽孔器

鍊條
6 mm單圈（▶p.9）
項鍊
羊眼（▶p.9）
A
龍蝦釦
單圈
B
F
龍蝦釦
單圈
C
鉚釘
龍蝦釦
單圈
D
E
以UV膠黏組件，並在背面貼上胸針五金。

※A為原寸大，B至F為80%縮小圖。

【作法】 A至F共通。以下為A的圖解步驟。

1 調製染色UV膠。製作ABCE時需要兩種顏色的UV膠，DF時則僅需單色（p.10）。

2 製作A時，先在模具裡隨處塗上幾塊深色的UV膠，再倒入淺色UV膠，倒至八分滿。

第1次

3 最後在上層倒入深色UV膠，以牙籤慢慢地來回攪動一下，再照UV燈2分鐘。

製作BC時

製作BC時，以牙籤沾取花紋顏色的UV膠，在模具裡一點一點地畫上花紋，再照UV燈2分鐘。

灌入主體色的UV膠，灌至模具邊緣為止，照UV燈2分鐘。

製作DEF時

D使用透明UV膠，EF使用染色膠，先在模具裡灌入一半高度的UV膠＆照UV燈2分鐘。接著再次灌膠至邊緣高度，照射2分鐘。E需製作2個眼鏡組件。

第2次

4 脫模取出後，塗上一層透明（D的上緣使用黑色）UV膠。F則另需以透明UV膠黏上鉚釘。照UV燈2分鐘。

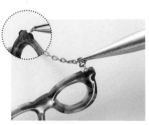

5 A以鑽孔器在上方鑽洞，插入羊眼。最後A以單圈接上鍊條，BCD則以單圈接上龍蝦釦。

密封鍊子＆串珠の透明戒指 p.58

【材料】 ●&●參見p.64，除了特別指定之外，皆各1個。

UV膠
　共通 太陽的溶劑・硬式UV膠 ●

密封・鑲嵌素材…各適量
　A 3mm管珠 金色（CY-0001-42）●
　B 3mm管珠 銀色（CY-0001-41）●
　C 古董珠（DB34、DB35）●
　D 鍊條（NH-99030-G）●

其他
　共通 軟模具（404174 戒指〈13號〉）●

【用具】
　共通 基本工具（p.7）、斜口鉗、銼刀

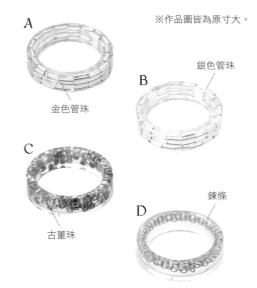

※作品圖皆為原寸大。

A

B 銀色管珠

金色管珠

C

D 鍊條

古董珠

【作法】A至D共通。以下為A的圖解步驟。

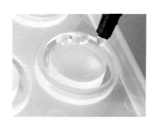

1 在模具中灌入UV膠，灌至模具的一半高度。

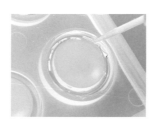

2 以牙籤一層一層地排列管珠，疊成三層。製作C時，將串珠隨處散布在模具中。製作D時，則將鍊條裁成可以環繞模具兩圈的長度後放進去。

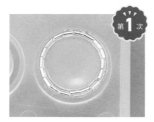

第**1**次

3 堆疊三層管珠之後，照UV燈2分鐘。

第**2**次

4 再次灌UV膠到模具中，灌至模具邊緣為止，照UV燈2分鐘。

5 脫模取出，以斜口鉗剪去UV膠溢出比較多的毛邊。

6 以銼刀將邊緣處磨至光滑為止。

第**3**次

7 以牙籤在邊緣處塗上UV膠，照UV燈2分鐘。

象牙・珊瑚・玳瑁風格の戒指＆耳環 p.59

【材料】 ●＆●參見p.64，除了特別指定之外，皆各1個。

UV膠
　共通 太陽的溶劑・硬式UV膠 ●

染色劑
　AE 珊瑚 Vitrail 淺粉紅色（20＋21＋23）、
　　　　粉紅色（20＋21＋23 21・23加多一些）
　BF 玳瑁 Vitrail 褐色（14）、焦糖色（12＋14＋15）
　C 象牙 Vitrail 白色（20＋21＋23 21・23加少許即可）
　DG 紅珊瑚 Pika Ace（中國紅＋曜石黑少許）

飾品五金
　EFG 耳針（PT-301362-G）●、小單圈2個

其他
　共通 翻模用的原型物件（此處使用玫瑰）、矽膠專用翻模盒（404179）●
　　　　透明矽膠翻模材料（404172）● ＊A・B兩劑套組
　ABCD 軟模具（404174戒指〈13號〉）●

【用具】
　共通 基本工具（p.7）、斜口鉗、雙面膠、接著劑

【翻模作法】 翻模需花費 1 天左右的時間。

1 組裝翻模盒，以雙面膠將玫瑰原型貼在盒子底部。

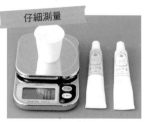

仔細測量

2 以紙杯測量透明矽膠翻模材料的分量，並將同等分量的A・B劑放入同一紙杯中。

3 充分攪拌均勻。

4 先以矽膠仔細地澆淋原型整體，再全部倒入盒中，直到矽膠完全蓋住原型。靜置一天。

5 靜置一天的模樣。

6 拆開盒子，將模型（模具）從盒中取出。

7 取出步驟1放入的玫瑰原型，模具完成！

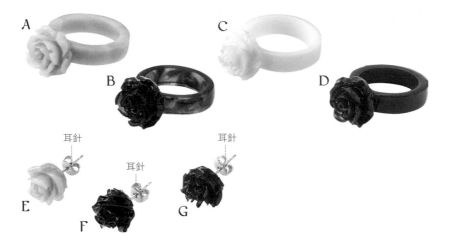

A

C

B

D

耳針　　　　　　　　耳針

耳針

E

F

G

※作品圖皆為原寸大。

【作法】A至G共通。以下為A的圖解步驟。

1 製作ABEF需要兩種染色膠，CDG僅需單色染色膠（p.10）。AE淺粉紅色ⓐ＋粉紅色ⓑ，BF褐色ⓐ＋焦糖色ⓑ。

2 製作AB時，先在戒指形模具裡散布些許的ⓑ。

3 製作AB。將ⓐUV膠倒入模具中。

第1·2次

4 製作AB。再一次將ⓑUV膠倒進模具＆以牙籤輕輕攪和後，照UV燈兩次，每次照2分鐘。

製作CD時

製作CD。先在戒指形模具中灌入一半高度的染色UV膠，照UV燈2分鐘。然後再次灌膠至邊緣高度，照UV燈兩分鐘。

5 脫模取出後，以斜口鉗剪去UV膠溢出的毛邊＆以銼刀進行修整。

6 以翻模的模具進行灌膠。製作CDG時直接灌入一種顏色的UV膠。製作ABEF時則依步驟2至3的要領來倒入兩種顏色的UV膠。

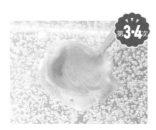

第3·4次

7 灌膠後，CDG保持原狀，ABEF則以牙籤將兩色UV膠輕輕攪和，照UV燈2分鐘。可重複進行照射，直到完全硬化為止。

第5次

8 脫模取出玫瑰。製作ABCD時，以透明UV膠將玫瑰黏在戒指環上。先以手捏合照UV燈30秒，再放在UV燈下照燈1分30秒。

立在紙膠帶底墊上！　第6次

9 以筆刷將玫瑰塗上透明UV膠，照UV燈2分鐘。

第7次

10 將戒指環塗上透明UV膠，照UV燈2分鐘。

製作EFG時

EFG先將玫瑰以筆刷塗上透明UV膠，照UV燈2分鐘。再在背面以接著劑黏上耳針五金，飾品完成！

趣・手藝 82

絕對簡單の
UV膠飾品100選

作　　者／キムラプレミアム
譯　　者／廖紫伶
發 行 人／詹慶和
總 編 輯／蔡麗玲
執行編輯／陳姿伶
編　　輯／蔡毓玲・劉蕙寧・黃璟安・李佳穎・李宛真
執行美編／鯨魚工作室
美術編輯／陳麗娜・周盈汝・韓欣恬
內頁排版／鯨魚工作室
出 版 者／Elegant-Boutique新手作
發 行 者／悅智文化事業有限公司　郵政劃撥帳號／19452608
戶　　名／悅智文化事業有限公司
地　　址／220新北市板橋區板新路206號3樓
電　　話／(02)8952-4078　傳真／(02)8952-4084
網　　址／www.elegantbooks.com.tw
電子郵件／elegant.books@msa.hinet.net

2017年11月初版一刷　定價320元

UV RESIN NO KANTAN ACCESSORY 100
©Junko Kimura 2015
Originally published in Japan by Shufunotomo Co., Ltd.
Translation rights arranged with Shufunotomo Co., Ltd.
through Keio Cultural Enterprise Co., Ltd.

經銷／高見文化行銷股份有限公司
地址／新北市樹林區佳園路二段70-1號
電話／0800-055-365　　傳真／(02)2668-6220

國家圖書館出版品預行編目(CIP)資料

絕對簡單のUV膠飾品100選 / キムラプレミアム著；廖紫伶譯. -- 初
版. -- 新北市：新手作出版：悅智文化發行, 2017.11
　　面；　公分. -- (趣.手藝；82)
　　ISBN 978-986-95289-4-8(平裝)

1.裝飾品 2.手工藝

426.9　　　　　　　　　　　　　　　　106017831

キムラプレミアム
木村純子

木村純子創設的品牌。木村純子原是平面設計師，後來跨足到以UV
膠及黏土為主的手工藝設計領域中。除了日本之外，她也在台灣販售
自己設計的商品。目前活躍於「a.k.b.」這個手工藝作家團體中，也是
a.k.b.出版物的共同著作人。

Staff

装訂　　　　　塚田佳奈（ME&MIRACO）
書籍設計　　　南彩乃（ME&MIRACO）
攝影　　　　　（封面・配圖）佐山裕子（主婦の友社攝影課）
　　　　　　　（步驟）三富和幸（DNP Media・Art）
造型師　　　　荻野玲子
插圖　　　　　下野彰子
校正　　　　　こめだ恭子
企劃・編輯　　小泉未來
責任編輯　　　森信千夏（主婦の友社）

〈UV膠素材&用具提供〉●の素材
株式会社PADICO
〒150-0001 東京都渋谷区神宮前1-11-11-607

官方網站
http://www.padico.co.jp/

網路商店［Hearty］
http://www.rakuten.ne.jp/gold/heartylove/

〈素材・用具協助〉
PARTS CLUB（株式会社Endless）　●の素材
http://www.partsclub.jp/　（網路商店）

株式会社Tamiya
http://www.tamiya.com/japan/index.htm

內藤商事株式会社Craft Center
http://www.naitoshoji.co.jp/

有限会社KODOMO NO KAO
http://www.kodomonokao.com

Elegantbooks
以閱讀，
享受幸福生活

雅書堂　EB 新手作
雅書堂文化事業有限公司
22070新北市板橋區板新路206號3樓
facebook 粉絲團：搜尋 雅書堂
部落格 http://elegantbooks2010.pixnet.net/blog
TEL:886-2-8952-4078　．　FAX:886-2-8952-4084

趣・手藝 16

166枚好感系×超簡單創意剪紙圖案集：摺！剪！開！完美剪紙3 Steps
室岡昭子◎著
定價280元

趣・手藝 17

可愛又華麗的俄羅斯娃娃&動物玩偶
北向邦子◎著
定價280元

趣・手藝 18

玩不織布扮家家酒！在家自己作12款超人氣甜點屋&西餐廳&壽司店的50道美味料理
BOUTIQUE-SHA◎著
定價280元

趣・手藝 19

文具控最愛的手工立體卡片——超簡單！看圖就會作！紋繡不打烊！萬用卡×生日卡×節慶卡自己一手搞定！
鈴木孝美◎著
定價280元

趣・手藝 20

初學者ok啦！一起來作36隻超萌的串珠小鳥
市川ナヲミ◎著
定價280元

趣・手藝 21

超有雜貨FU！文具控&手作迷一看就想刻的とみこ橡皮章：手作創意明信片×包裝小物×雜貨風裝飾
とみこはん◎著
定價280元

趣・手藝 22

剪＋貼＋縫！88款不織布の季節布置小物
BOUTIQUE-SHA◎著
定價280元

趣・手藝 23

Bonjour！可愛喲！超簡單巴黎風黏土小旅行：旅行×甜點×娃娃×雜貨—女孩最愛的造型黏土BOOK
蔡青芬◎著
定價320元

趣・手藝 24

macaron可愛進化！布作×刺繡・手作56款超人氣花式馬卡龍吊飾
BOUTIQUE-SHA◎著
定價280元

趣・手藝 25

「布」一樣的可愛！26個牛奶盒作的布盒　完美收納紙膠帶&桌上小物
BOUTIQUE-SHA◎著
定價280元

趣・手藝 26

So yummy！甜在心黏土蛋糕揉一揉、捏一捏，我也是甜心糕點大師！（暢銷新裝版）
幸福豆手創館（胡瑞娟 Regin）◎著
定價280元

趣・手藝 27

紙の創意！一起來作75道簡單又好玩の摺紙甜點×料理
BOUTIQUE-SHA◎著
定價280元

趣・手藝 28

活用度100％！500枚橡皮章日日刻
BOUTIQUE-SHA◎著
定價280元

趣・手藝 29

nap's小可愛手作帖：小玩皮！雜貨控の手縫皮革小物
長崎優子◎著
定價280元

趣・手藝 30

誘人的夢幻手作！光澤感×超擬真，一眼就愛上の甜點黏土飾品37款（暢銷版）
河出書房新社編輯部◎著
定價300元

趣・手藝 31

心意・造型・色彩all in one一次學會緞帶×紙張の包裝設計24招！
長谷良子◎著
定價300元

趣・手藝 32

聖上女孩的優雅&浪漫天然石×珍珠の結編飾品設計69款
日本ヴォーグ社◎著
定價280元

趣・手藝 33

Party Time！女孩兒の可愛不織布甜點家家酒：廚房用具×甜點×麵包×Pizza×餐盒×套餐
BOUTIQUE-SHA◎著
定價280元

趣・手藝 34

動動手指就OK！三秒鐘・愛上62枚可愛の摺紙小物
BOUTIQUE-SHA◎著
定價280元

趣・手藝 35
簡單好縫大成功！一次學會65件超可愛皮革小物×實用長夾
金澤明美◎著
定價320元

趣・手藝 36
趣味摺紙大全集
超好玩＆超益智！趣味摺紙大全集—完整收錄157件超人氣摺紙動物×紙玩具
主婦之友社◎授權
定價380元

趣・手藝 37

大日子×小手作！365天都能送の祝福系手作黏土禮物提案FUN送BEST.60
幸福豆手創館（胡瑞娟 Regin）師生合著
定價320元

趣・手藝 38

100％可愛の塗鴉裝飾！手帳控&卡片迷超想學的手繪風文字圖繪750點
BOUTIQUE-SHA◎著
定價280元

趣・手藝 39

不澆水！黏土作的啦！超可愛多肉植物小花園：仿舊雜貨×人氣配色—懶人在家也能作的經典款多肉植物黏土BEST 25
蔡青芬◎著
定價350元

趣・手藝 40

簡單・好作の不織布換裝娃娃時尚微手作—4款風格娃娃×80件魅力服裝&配飾
BOUTIQUE-SHA◎授權
定價280元

趣・手藝 41

Q萌玩偶出沒注意！輕鬆手作112隻療癒系の可愛不織布動物
BOUTIQUE-SHA◎授權
定價280元

趣・手藝 42

【完整教學圖解】摺×疊×剪×刻4步驟完成120款美麗剪紙
BOUTIQUE-SHA◎授權
定價280元

趣・手藝 43

9位人氣作家可愛發想大集合—每天都想使用的萬用橡皮章圖案集
BOUTIQUE-SHA◎授權
定價280元

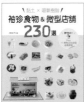

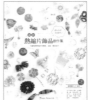

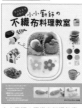